浙江农作物种质资源

丛书主编 林福呈 戚行江 施俊生

旱粮作物卷

张小明 陈小央 沈升法 等 著

科学出版社

北京

内 容 简 介

在"第三次全国农作物种质资源普查与收集行动"基础上，结合以往考察调研工作，本书概述了浙江省旱粮作物栽培的历史、种植模式、分布和类型，收录了小麦 9 份、大麦 7 份、荞麦 15 份、玉米 30 份、高粱 18 份、谷子 15 份、甘薯 77 份、马铃薯 83 份、薏苡 14 份、棉花 5 份、豆薯 1 份、穄子 2 份、燕麦 2 份、藜 1 份，共 14 种旱粮作物 279 份资源，分别介绍了它们的名称、学名、采集地、主要特征特性、优异特性与利用价值、濒危状况及保护措施建议，并展示了相应种质资源的典型性状。

本书主要面向从事旱粮作物种质资源保护、研究和利用的科技工作者、大专院校师生、农业管理部门工作者及旱粮作物种植与加工从业人员，旨在提供浙江省旱粮作物种质资源的有关信息，促进旱粮作物种质资源的有效保护和可持续利用。

图书在版编目（CIP）数据

浙江农作物种质资源. 旱粮作物卷 / 张小明等著. —北京：科学出版社，2023.3

ISBN 978-7-03-074820-1

Ⅰ. ①浙⋯ Ⅱ. ①张⋯ Ⅲ. ①作物－种质资源－浙江 ②旱地－粮食作物－种质资源－浙江 Ⅳ. ①S329.255 ②S510.24

中国国家版本馆 CIP 数据核字（2023）第 023313 号

责任编辑：陈 新 李 迪 赵小林 / 责任校对：张小霞
责任印制：肖 兴 / 封面设计：无极书装

科 学 出 版 社 出版

北京东黄城根北街16号
邮政编码：100717
http://www.sciencep.com

北京九天鸿程印刷有限责任公司 印刷

科学出版社发行 各地新华书店经销

*

2023年3月第 一 版 开本：787×1092 1/16
2023年3月第一次印刷 印张：21 1/2
字数：509 000
定价：**368.00 元**
（如有印装质量问题，我社负责调换）

《浙江农作物种质资源·旱粮作物卷》

著者名单

主要著者

张小明　陈小央　沈升法

其他著者

（以姓名汉语拼音为序）

常志远	陈 超	陈合云	丁 桔	高 笪
胡长安	华 为	黄吉祥	蒋宁飞	李付振
刘合芹	刘秀慧	陆艳婷	马志进	汤学军
汪成法	王红亮	王美兴	巫明明	吴列洪
吴通兴	项 超	徐刚勇	叶 靖	叶胜海
俞法明	翟荣荣	周明火	朱国富	朱华丽

"浙江农作物种质资源"

丛 书 序

　　农作物种质资源是农业科技原始创新、现代种业发展的物质基础，是保障粮食安全、建设生态文明、支撑农业可持续发展的战略性资源。近年来，随着城镇建设速度加快，自然环境、种植业结构和土地经营方式等的变化，大量地方品种快速消失，作物野生近缘植物资源急剧减少。因此，农业部（现农业农村部）于2015年启动了"第三次全国农作物种质资源普查与收集行动"，以查清我国农作物种质资源本底，并开展种质资源的抢救性收集工作。

　　浙江省为2017年第三批启动"第三次全国农作物种质资源普查与收集行动"的省份之一，完成了63个县（市、区）农作物种质资源的全面普查、20个县（市、区）农作物种质资源的系统调查和抢救性收集，查清了浙江省农作物种质资源的基本情况，收集到各类种质资源3200余份，开展了系统的鉴定评价，筛选出一批优异的农作物种质资源，进一步丰富了我国农作物种质资源的战略储备。

　　在此基础上，浙江省农业科学院系统梳理和总结了浙江省农作物种质资源调查与鉴定评价成果，组织相关科技人员编撰了"浙江农作物种质资源"丛书。该丛书是浙江省"第三次全国农作物种质资源普查与收集行动"的重要成果，其编撰出版对于更好地保护与利用浙江省的农作物种质资源具有重要意义。

　　值此丛书脱稿之际，作此序，表示祝贺，并希望浙江省进一步加强农作物种质资源保护，深入开展种质资源鉴定评价工作，挖掘优异种质、优异基因，进一步推动种质资源共享共用，为浙江省现代种业发展和乡村振兴做出更大贡献。

中国工程院院士　刘旭

2022年2月

"浙江农作物种质资源"

丛书前言

    浙江省地处亚热带季风气候带,四季分明,雨量丰沛,地貌形态多样,孕育了丰富的农作物种质资源。浙江省历来重视种质资源的收集保存,先后于1958年、2004年组织开展了全省农作物种质资源调查征集工作,建成了一批具有浙江省地方特色的种质资源保护基地,一批名优地方品种被列为省级重点种质资源保护对象。

    2015年,农业部(现农业农村部)启动了"第三次全国农作物种质资源普查与收集行动"。根据总体部署,浙江省于2017年启动了"第三次全国农作物种质资源普查与收集行动",旨在查清浙江省农作物种质资源本底,抢救性收集珍稀、濒危作物野生种质资源和地方特色品种,以保护浙江省农作物种质资源的多样性,维护农业可持续发展的生态环境。

    经过4年多的不懈努力,在浙江省农业厅(现浙江省农业农村厅)和浙江省农业科学院的共同努力下,调查收集和征集到各类种质资源3222份,其中粮食作物1120份、经济作物247份、蔬菜作物1327份、果树作物522份、牧草绿肥作物6份。通过系统的鉴定评价,筛选出一批优异种质资源,其中武义小佛豆、庆元白杨梅、东阳红粟、舟山海萝卜等4份地方特色种质资源先后入选农业农村部评选的2018~2021年"十大优异农作物种质资源"。

    为全面总结浙江省"第三次全国农作物种质资源普查与收集行动"成果,浙江省农业科学院组织相关科技人员编撰"浙江农作物种质资源"丛书。本丛书分6卷,共收录了2030份农作物种质资源,其中水稻和油料作物165份、旱粮作物279份、豆类作物319份、大宗蔬菜559份、特色蔬菜187份、果树521份。丛书描述了每份种质资源的名称、学名、采集地、主要特征特性、优异特性与利用价值、濒危状况及保护措施建议等,多数种质资源在抗病性、抗逆性、品质等方面有较大优势,或富含功能因子、观赏价值等,对基础研究具有较高的科学价值,必将在种业发展、乡村振兴等方面发挥巨大作用。

    本套丛书集科学性、系统性、实用性、资料性于一体,内容丰富,图文并茂,既可作为农作物种质资源领域的科技专著,又可供从事作物育种和遗传资源研究人员、大专院校师生、农业技术推广人员、种植户等参考。

由于浙江省农作物种质资源的多样性和复杂性，资料难以收全，尽管在编撰和统稿过程中注意了数据的补充、核实和编撰体例的一致性，但限于著者水平，书中不足之处在所难免，敬请广大读者不吝指正。

浙江省农业科学院院长　林福呈

2022年2月

目　录

第 一 章

绪 论

浙江地处中国东南沿海，长江三角洲地区，位于北纬27°02′～31°11′、东经118°01′～123°10′，东临东海，南接福建，西与安徽、江西相连，北与上海、江苏接壤。地势由西南向东北倾斜，地形复杂，山脉自西南向东北形成大致平行的三支，地跨钱塘江、瓯江、灵江、苕溪、甬江、飞云江、鳌江、曹娥江八大水系，由平原、丘陵、盆地、山地、岛屿构成，陆域面积10.55万km²。浙江省下辖11个地级行政区，90个县（市、区）。根据第七次全国人口普查结果，2020年11月1日零时常住人口6456.7588万。据《浙江统计年鉴2021》（浙江省统计局，2021），2020年小麦、大麦、玉米、薯类作物播种面积分别为9.34万hm²、0.20万hm²、6.33万hm²、7.34万hm²，单产分别为4370kg/hm²、4416kg/hm²、4094kg/hm²、5291kg/hm²，总产分别为40.79万t、0.89万t、25.91万t、38.81万t，其中马铃薯播种面积2.35万hm²、单产3810kg/hm²、总产8.97万t。

浙江地处亚热带中部，属季风性湿润气候，自然条件较优越，气候、生态类型多样，农作物种类繁多，是我国种质资源较为丰富的省份之一。近年来，随着气候、耕作制度和农业经营方式变化，特别是城镇化、工业化快速发展的影响，大量地方品种消失，作物野生近缘植物资源因其赖以生存繁衍的栖息地遭受破坏而急剧减少。因此，全面普查浙江省农作物种质资源，抢救性收集和保护珍稀、濒危作物野生种质资源和特色地方品种具有重要的战略意义。通过农作物种质资源普查和收集，摸清浙江省农作物种质资源的家底，收集珍稀种质资源、鉴定评价并发掘优异基因，对丰富浙江省农作物种质资源的遗传多样性，为育种产业发展提供新资源、新基因，具有重要意义。

1953年，浙江省在全省范围首次组织征集主要农作物种质资源，征集到甘薯地方品种99个，玉米资源600多份；受当时条件所限，种质资源主要由育种者分散保存。由于历史原因，当时征集的许多种质资源已散失。1955～1958年浙江省共收集到甘薯地方品种126个。20世纪60年代开始，浙江省农业科学院进行了小麦、甘薯等作物地方品种的整理、归类，根据1961～1962年和1981～1982年两次小麦地方品种农艺性状的调查鉴定，将收集到的764份浙江省小麦地方品种分成了无芒白壳红粒变种、长芒白壳红粒变种、短芒白壳红粒变种、无芒红壳红粒变种、长芒红壳红粒变种、短芒红壳红粒变种和无芒白壳白粒变种7个品种型，并列举了每个类型的代表品种。对甘薯重点产区和资源分布区——浙南飞云江流域的文成、瑞安等地进行了甘薯地方品种的全面调查，发现当地红皮白心六十日、铁钉蕃、白皮白心、硬红、台湾红、南田黄、大荆蕃等地方品种适应性强，种植面积大，在不同土壤中均可以获得较高的产量。1979～1983年，浙江省农业科学院对收集的707份大麦地方品种进行了大麦黄花叶病鉴定，筛选到了高抗黄花叶病的大麦品种12个，分别是嵊县无芒六棱、临海无芒白大麦、天台洋大麦、奉化六棱洋大麦、奉化尖蒲六棱洋大麦、新昌六棱无纹洋大麦、于潜六棱、有谷大麦、玉环红六棱裸麦、象山大麦米、淳安本地大麦和淳安毛大麦，这些地方品种为开展大麦抗黄花叶病育种和遗传机理研究提供了宝贵的资源，1980年开始的第二次全国农作物种质资源普查共征集到浙江省大麦地方品种49个。截至2017年

4月，浙江省收集并提交到国家种质资源库的大麦、小麦材料分别是747份、1103份，其中大麦地方品种684份、小麦地方品种852份，分别占总资源数的91.6%、77.2%。在国家甘薯种质资源试管苗库中现有属于浙江省当时移交的甘薯种质59份，其中地方甘薯品种41份、育成甘薯品种（系）18份。

浙江省农业农村厅、浙江省农业科学院等科研和管理单位先后组织开展作物种质资源的普查征集工作，征集的资源主要交国家库保存。浙江省及各地市农业科学院（所）根据育种课题的需要，陆续开展了相关作物种质资源的征集保存。保存设施有超低温冰箱、普通冰箱和种子冷藏库，少数单位还用碳干燥桶保存。保存状况与课题组研究内容、期限及人力财力有关，课题组主要保存对课题任务"有用的"种质资源，大量的种质资源得不到定期的繁育复壮，导致资源失活或散失严重。同时又存在不通互有、重复保存等情况（阮晓亮和石建尧，2008）。2008~2009年，浙江省农业厅作为农作物种质资源保护管理职能主管部门，成立了浙江省农作物种质资源保护管理领导小组和专家咨询委员会，连续2年在全省范围组织开展各类农作物种质资源的普查收集；2014年11月组织制定并发布了《浙江省农作物种质资源调查收集技术规范（试行）》、《浙江省农作物种质资源繁殖更新技术规范（试行）》和《浙江省农作物种质资源鉴定评价技术规范（试行）》，3个技术规范规定了大田作物种质资源的调查收集、分类处理、入库（圃）保存、繁殖提纯、种质更新、鉴定评价的工作程序和技术要求；2015年3月公布了《浙江省农作物（大田）种质资源接收与利用工作流程》，确保种质资源的多样性（吴伟等，2015）。

我国已完成了两次全国性农作物种质资源收集工作（1955~1956年、1979~1983年），但由于涉及作物种类较少，尚未查清我国农作物种质资源家底。2015年，农业部启动了"第三次全国农作物种质资源普查与收集行动"，印发了《第三次全国农作物种质资源普查与收集行动实施方案》（农办种〔2015〕26号），制定了《全国农作物种质资源保护与利用中长期发展规划（2015—2030年）》。2017年，浙江省按照农业部统一部署启动了"第三次全国农作物种质资源普查与收集行动"，浙江省农业厅印发了《浙江省农作物种质资源普查与收集行动实施方案》（浙农专发〔2017〕34号），浙江省农业科学院印发了《第三次全国农作物种质资源普查与收集行动浙江省农业科学院实施方案》（浙农院科〔2017〕17号），全面开展农作物种质资源的普查与收集工作。对全省63个县（市、区）开展各类作物种质资源的全面普查，征集各类古老、珍稀、特有、名优的作物地方品种和野生近缘植物种质资源。在此基础上，选择20个农作物种质资源丰富的县（市、区）进行作物种质资源的系统调查，明确了种质资源的特征特性、地理分布、历史演变、栽培方式、利用价值、濒危状况和保护利用情况。同时，对收集到的种质资源进行扩繁和基本生物学特征特性鉴定评价，组织专家编写"浙江农作物种质资源"丛书等。

浙江省农业农村厅种子管理总站负责组织全省63个普查县（市、区）农作物种质资源的全面普查和征集，组织普查与征集人员培训，建立省级种质资源普查与调查数据库。市种子管理站，负责汇总辖区内各普查县（市、区）提交的普查信息，审核通过后提交省种子管理总站。县级农业农村局承担本县（市、区）农作物种质资源的全面普查和征集工作，起草本县（市、区）实施方案，组建普查收集队伍，开展普查与宣传活动，组织普查人员对辖区内的种质资源进行普查，并将数据录入数据库，按要求将征集的农作物种质资源送交浙江省农业科学院进行繁殖更新和鉴定评价。浙江省农业科学院组建由粮食、蔬菜、园艺、牧草等专业技术人员组成的系统调查队伍，参与全省63个普查县（市、区）农作物种质资源的普查和征集，重点负责20个调查县（市、区）的系统调查和抢救性收集，做好征集和收集资源的繁殖更新、鉴定评价及入库工作。根据农作物种质资源的类别和系统调查的实际需求，还邀请其他相关科研机构有关专业技术人员参与作物种质资源的系统调查和抢救性收集。2017~2020年，直接参加本项目的普查与调查技术人员有800多人，共培训3300多人次，开展座谈会300多次，对63个县（市、区）进行了普查，走访了11个地级市63个县（市、区）476个乡（镇）的931个村委会，访问了3500多位村民和100多位基层干部、农技人员，总行程7万多公里。

本书收录的279份旱粮作物种质资源是浙江省第三次全国农作物种质资源普查与收集行动的成果之一，分别采集于浙江11个地级市：杭州市47份（萧山区3份、富阳区4份、临安区8份、建德市8份、桐庐县2份、淳安县22份），宁波市22份（奉化区5份、余姚市2份、慈溪市6份、象山县2份、宁海县7份），温州市35份（瓯海区1份、洞头区2份、瑞安市5份、乐清市1份、永嘉县5份、平阳县2份、苍南县13份、文成县3份、泰顺县3份），绍兴市12份（上虞区1份、诸暨市8份、嵊州市2份、新昌县1份），湖州市6份（德清县1份、长兴县4份、安吉县1份），嘉兴市16份（平湖市1份、桐乡市7份、嘉善县7份、海盐县1份），金华市50份（兰溪市1份、东阳市6份、永康市6份、武义县19份、浦江县8份、磐安县10份），衢州市20份（柯城区1份、衢江区4份、江山市2份、常山县1份、开化县8份、龙游县4份），台州市30份（黄岩区6份、临海市4份、温岭市1份、玉环市2份、三门县4份、天台县3份、仙居县10份），丽水市40份（莲都区7份、龙泉市2份、青田县2份、缙云县10份、遂昌县2份、松阳县6份、庆元县6份、景宁畲族自治县5份），舟山市1份（定海区1份）。

本书主要内容包括麦类、玉米、高粱、薯类等14种旱粮作物，分11章，共收录279份旱粮作物种质资源。第一章为绪论。第二章至第四章分别介绍了小麦、大麦和荞麦，分别收录了9份、7份和15份资源；第五章至第七章分别介绍了玉米、高粱和谷子，分别收录了30份、18份和15份资源；第八章至第十章分别介绍了甘薯、马铃薯和薏苡，分别收录了77份、83份和14份资源；第十一章介绍了棉花、豆薯、穄子、燕麦、藜，分别收录了5份、1份、2份、2份和1份资源。下面主要介绍一下本书所收录大麦、小麦、荞麦、玉米、高粱、谷子、甘薯、马铃薯的资源概况。

20世纪50年代，大麦、小麦在浙江省的累计种植面积分别为170万hm²、300万hm²，80年代种植面积分别增加到240万hm²、320万hm²。随着浙江省种植制度的调整和种植结构的优化，21世纪开始大麦、小麦的种植面积迅速下滑，2001～2010年大麦、小麦累计种植面积分别只有28万hm²、74万hm²；2011～2020年小麦种植面积略有回升，累计种植面积达到85万hm²，每年种植面积维持在8万hm²左右，其中2017年达到了10万hm²，在之后的2年种植面积有所下降，而到2020年又略有回升；2011～2020年大麦种植面积继续下滑，累计种植面积只有9.2万hm²，其中2018年和2019年仅有380hm²和410hm²，而2020年有所增加。本书收录的大麦资源多为地方品种，穗型有二棱皮大麦、四棱裸大麦、六棱皮大麦、六棱裸大麦，株高76.3～121.0cm，穗长6.2～11.4cm，穗粒数28.8～61.6粒，千粒重33.5～54.5g，经鉴定部分资源对赤霉病、锈病的抗性较强。本书收录的小麦有地方品种，也有育种改良的品种和引进品种，壳色有红壳和白壳，芒的特性有长芒、顶芒和无芒，株高90.0～155.0cm，穗长7.0～14.4cm，穗粒数39.0～71.6粒，千粒重33.0～52.5g，经鉴定部分资源对赤霉病、花叶病、白粉病有较强抗性，其中矿洪小麦耐寒性较强。

荞麦种质资源分为地方品种和野生资源，其中地方品种又分为甜荞麦和苦荞麦两种，甜荞麦和苦荞麦都是一年生作物；甜荞麦的种子有棱，花白色、粉色和红色，苦荞麦的种子长锥形，有凹沟或没有。野生资源主要是金荞麦，分布于丘陵山区，是多年生野生资源，花为白色，种子是三角形，有棱，种子比较大、易落粒，主要收获块根，制作中药。浙江荞麦可以一年种植两季，春季3月中下旬播种，6月中下旬收获；8月中下旬播种，10月中下旬至11月上旬收获。本书收录的荞麦有野生资源和农户品种，籽粒有红褐色、深灰色等，熟期有早熟、中熟和晚熟，早熟资源全生育期最短的只有59天，株高81～148cm，茎粗5.5～12.3mm，主茎节数11.4～20.3个，主茎分枝数3.0～6.9个，单株花序数46.2～107.4个，单花序种子数2.3～4.6粒，籽粒长5.3～7.7mm，籽粒宽2.9～6.2mm，千粒重20.0～68.7g，呈现丰富的多样性。

20世纪50年代，浙江省玉米种植面积达16万hm²以上。60年代因为水利条件的改善，水稻的种植面积逐渐增大，部分种植玉米的田地改种水稻，玉米种植面积降至约10.67万hm²。随着玉米杂交种的出现，浙江省玉米的种植面积增加到近11.33万hm²。2000年以后玉米种植面积在3.33万～10.0万hm²，随着鲜食玉米的出现，浙江省玉米的种植面积再次扩大，2008年以后浙江省玉米种植面积达9.33万hm²以上，其中鲜食玉米种植面积达4.66万hm²。本书收录的玉米多为地方品种，熟期有早熟、中熟和晚熟，籽粒有半马齿型、硬粒型两种，其中一份资源为爆裂专用型，籽粒有黄色、黑色、红色、白色等，株高150～315cm，穗位高57.0～172.3cm，穗长9.2～25.4cm，穗粗2.7～5.2cm，穗行数10.0～18.0行，行粒数20.5～46.2粒，粒深0.65～1.2cm，百粒重20.5～37.8g。

高粱是C_4作物，光合效率高，具有耐旱、耐热、耐寒、耐瘠、耐涝、广适等特点，有一定的观赏价值，浙江农民有称芦稷、粟、黍的，秸秆可扎扫帚，部分甜高粱茎秆可与甘蔗一样食用，种子用作饲料或用于制作糕点、酿酒。浙江省具有悠久的高粱栽培历史，拥有丰富的高粱种质资源，如诸暨同山烧酿造专用品种高脚白藤拐。本书收录的高粱多为地方品种，有甜高粱和糯高粱两种，株高162.7～350.0cm，穗柄伸出长度32.6～45.0cm，茎粗1.1～3.1cm，主穗长33.6～95.8cm，颖壳有黑色、褐色、红色、灰色等，籽粒有褐色、红色、黄色、浅黄色和白色，千粒重12.5～28.0g。

谷子属一年生草本植物，是一种古老的粮食作物，有着深厚的文化内涵，古代又称粟、稷、粱，浙江省也称为粟，谷子根系发达，茎秆粗壮，耐旱、耐贫瘠、耐储藏。浙江省春秋时期就有种植粟的记载，当时称"粢"（［汉］袁康《越绝书》），《浙江省农业志》（浙江省农业志编纂委员会，2004）记载近代以金华地区种植面积最大。本书收录的谷子均为地方品种，有糯和粳两种，具有耐旱、耐瘠、耐盐碱、品质优等特点，可菜用或加工成小米粥、小米糕、粟米糖、粟米饼、粽子和酿酒等，茎叶谷糠可作饲料。部分资源因秋季叶片变红，籽粒红色，可用于休闲观光农业，红谷穗用作新房上梁等喜庆节日饰品，其中东阳红粟在"第三次全国农作物种质资源普查与收集行动"成果评比中，被评为2019年全国十大优异农作物种质资源之一。谷子全生育期89～117天，株高89.0～175.6cm，主茎长74.0～160.0cm，主茎粗5.96～8.37mm，主茎节数11.8～15.6个，主穗长11.6～30.7cm，千粒重1.45～2.44g。

浙江省甘薯有400余年的种植历史，最早记载见于明朝万历年间1607年的《普陀山志》。甘薯适应性广，抗逆性强，稳产性好，受灾后恢复生长快，在恶劣的环境条件下仍能获得一定收成，因此，常被当作救灾作物和垦荒先锋作物。甘薯是浙江省立地条件较差的山区、丘陵及海涂适宜种植的主要粮食作物。浙江省甘薯可以分为山区半山区春夏薯区、低丘红黄壤夏薯区、沿海滩涂夏薯区、江河平原春夏薯区4个薯区。本书收录的甘薯有地方品种，也有育种改良品种和引进品种。类型有食用型、淀粉型、食用饲料兼用型、食用淀粉兼用型等，株型有匍匐型、直立型、半直立型，薯皮有红色、黄色、白色、紫色等，薯肉有红色、淡红色、黄色、橘黄色、淡黄色、白色、紫色等，最长蔓长83.6～326.8cm，分枝数3.6～8.7个，茎直径4.2～7.4mm，叶柄长13.7～27.6cm，节间长2.4～5.8cm，单株结薯1.8～5.7个，干物质含量16.5%～36.5%，淀粉含量7.9%～25.4%，生薯鲜基可溶性糖含量3.4%～7.2%，每100g鲜薯胡萝卜素含量0.6～8.5mg。

马铃薯属一年生草本植物，别名土豆、洋芋、山药蛋等，是浙江省主要旱粮作物之一，近几年浙江省种植面积一直稳定在6万hm²左右，与甘薯的种植面积大致相当。浙江省属于马铃薯中原两季作区，可以较好地发挥马铃薯生育期短、产量高的优势，在春秋两季种植，作为填闲作物，春季利用水稻冬闲田种植早熟马铃薯，早种早收早上市，能够获得较好的经济效益；秋季充分利用早熟品种生育期短的生长优势，与早稻、春玉米或西瓜等接茬，也能获得较好的产量。一般，浙江省春马铃薯1月上旬至2

月下旬播种，4月下旬至5月中旬收获；秋马铃薯8月下旬至9月中旬播种，11月中旬至12月上旬收获。浙江省马铃薯主要用于鲜食，可以分为菜用型和粮蔬兼用型。菜用型马铃薯一般干物质和淀粉含量较低，干物质含量低于18%，块茎大，特点是炒制后脆嫩。粮蔬兼用型马铃薯干物质和淀粉含量较高，干物质含量高于18%，大多品种块茎小，特点是蒸煮食味好。本书收录的马铃薯多为地方品种，熟期有早熟、中熟、晚熟等，株型有直立型、半直立型两种，薯型有小薯型、中薯型、大薯型3种，薯皮有黄色、红色、紫色等，薯肉有黄色、白色等，株高37.6～95.7cm，茎粗5.1～12.0mm，主茎数1.4～6.8个，单株结薯数6.7～15.8个，干物质含量18.1%～25.8%，淀粉含量12.4%～20.0%。

第 二 章

浙江省小麦种质资源

1 矮秆红

【学　名】Gramineae（禾本科）*Triticum*（小麦属）*Triticum aestivum*（普通小麦）。
【采集地】浙江省杭州市临安区。

【主要特征特性】20世纪60年代浙江省引进的国外品种。株高119.7cm，偏高，易倒伏。叶片较宽，叶色浅绿，穗上部短芒、下部无芒，穗纺锤形，红壳，穗长9.7cm，每穗小穗数19.6个，穗粒数44.0粒，籽粒卵圆形，千粒重37.5g。10月下旬或11月上中旬播种，翌年5月收获，全生育期182天。人工接种鉴定该品种中抗赤霉病，抗花叶病，大田抗白粉病。

【优异特性与利用价值】当地种植约60年，农户自留食用，适宜制作面条、面包等面食，酿酒。

【濒危状况及保护措施建议】在临安区仅少数农户零星种植，已很难收集到。建议异位妥善保存。

2 本地小麦

【学　名】Gramineae（禾本科）Triticum（小麦属）Triticum aestivum（普通小麦）。
【采集地】浙江省宁波市宁海县。

【主要特征特性】地方品种。株高117.0cm，偏高，易倒伏。叶片较宽，叶色浅绿，穗长芒、水平分布，穗纺锤形，白壳，穗长10.5cm，每穗小穗数18.4个，穗粒数45.8粒，籽粒卵圆形，千粒重33.0g。10月下旬或11月上中旬播种，翌年5月收获，全生育期178天。人工接种鉴定该品种中抗赤霉病，感花叶病。

【优异特性与利用价值】当地农民自留食用。

【濒危状况及保护措施建议】在宁海县各乡镇仅少数农户零星种植，已很难收集到。建议异位妥善保存。

3 后辽麦

【学　名】Gramineae（禾本科）*Triticum*（小麦属）*Triticum aestivum*（普通小麦）。
【采集地】浙江省台州市临海市。

【主要特征特性】地方品种。株高113.0cm，偏高，易倒伏。叶片较宽，叶色浅绿，有顶芒，白壳，穗长7.0cm，每穗小穗数17.8个，穗粒数42.6粒，籽粒卵圆形，千粒重36.0g。10月下旬或11月上中旬播种，翌年5月收获，全生育期185天。人工接种鉴定该品种中抗赤霉病，感花叶病。

【优异特性与利用价值】当地农民自留食用，适合制作面条、馒头。

【濒危状况及保护措施建议】在临海市各乡镇仅少数农户零星种植，已很难收集到。建议异位妥善保存。

4 矿洪小麦

【学　名】Gramineae（禾本科）*Triticum*（小麦属）*Triticum aestivum*（普通小麦）。
【采集地】浙江省金华市武义县。

【主要特征特性】地方品种。株高90.7cm，适中。叶片较宽，叶色深绿，长芒，穗纺锤形，白壳，穗长9.8cm，每穗小穗数17.0个，穗粒数39.0粒，籽粒卵圆形，千粒重52.5g。10月下旬或11月上中旬播种，翌年5月收获，全生育期183天。人工接种鉴定该品种中抗赤霉病，抗花叶病。耐寒性好。

【优异特性与利用价值】当地种植约100年，农户自留食用，适宜制作糕点。

【濒危状况及保护措施建议】在武义县各乡镇仅少数农户零星种植，已很难收集到。建议异位妥善保存。

5 满江红

【学　名】Gramineae（禾本科）*Triticum*（小麦属）*Triticum aestivum*（普通小麦）。
【采集地】浙江省温州市文成县。

【主要特征特性】地方品种。株高134.7cm，偏高，易倒伏。叶片较宽，叶色浅绿，无芒，穗纺锤形，白壳，穗长11.6cm，每穗小穗数19.2个，穗粒数48.6粒，籽粒卵圆形，千粒重35.5g。10月下旬或11月上中旬播种，翌年5月收获，全生育期185天。人工接种鉴定该品种中抗赤霉病，感花叶病。

【优异特性与利用价值】中抗赤霉病，可用作小麦抗赤霉病育种材料。

【濒危状况及保护措施建议】在文成县各乡镇仅少数农户零星种植，已很难收集到。建议异位妥善保存。

6 省区5号

【学　名】Gramineae（禾本科）*Triticum*（小麦属）*Triticum aestivum*（普通小麦）。

【采集地】浙江省金华市磐安县。

【主要特征特性】属浙江早期选育品种。株高90.0cm，适中。叶片较宽，叶色浅绿，无芒，白壳，穗长8.4cm，每穗小穗数18.6个，穗粒数39.0粒，籽粒卵圆形，千粒重39.5g。10月下旬或11月上中旬播种，翌年5月收获，全生育期182天。人工接种鉴定该品种感赤霉病和花叶病。

【优异特性与利用价值】当地种植约40年，农户自留食用。

【濒危状况及保护措施建议】在磐安县各乡镇仅少数农户零星种植，已很难收集到。建议异位妥善保存。

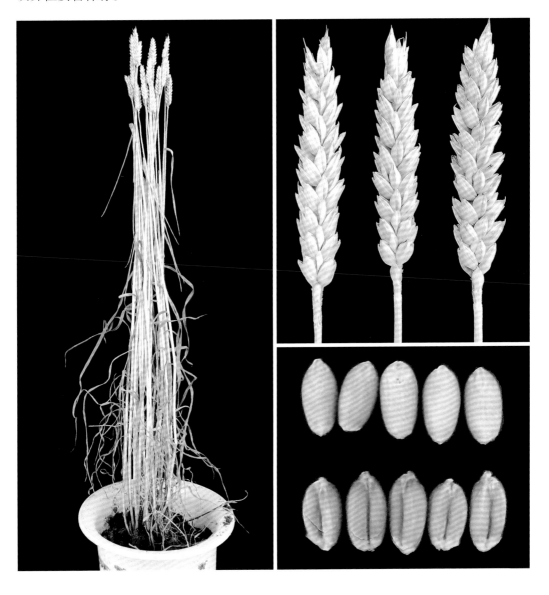

7 扬麦4号

【学　名】Gramineae（禾本科）*Triticum*（小麦属）*Triticum aestivum*（普通小麦）。
【采集地】浙江省绍兴市诸暨市。

【主要特征特性】从江苏引进的推广品种。株高155.0cm，太高，易倒伏。叶片较宽，叶色浅绿，株型松散，穗上部短芒、下部无芒，穗纺锤形，白壳，穗长14.1cm，每穗小穗数19.8个，穗粒数46.6粒，籽粒卵圆形，千粒重52.0g。10月下旬或11月上中旬播种，翌年5月收获，全生育期182天。人工接种鉴定该品种中感赤霉病，大田表现感白粉病。

【优异特性与利用价值】农户自留食用。

【濒危状况及保护措施建议】在诸暨市各乡镇仅少数农户零星种植，已很难收集到。建议异位妥善保存。

8 宜坞麦

【学 名】Gramineae（禾本科）Triticum（小麦属）Triticum aestivum（普通小麦）。

【采集地】浙江省绍兴市诸暨市。

【主要特征特性】地方品种。株高145.7cm，太高，易倒伏。叶片较宽，叶色浅绿，穗上部短芒、下部无芒，穗纺锤形，白壳，穗长14.4cm，每穗小穗数19.8个，穗粒数54.8粒，籽粒卵圆形，千粒重48.0g。10月下旬或11月上中旬播种，翌年5月收获，全生育期184天。人工接种鉴定该品种感赤霉病和花叶病。

【优异特性与利用价值】农户自留食用。

【濒危状况及保护措施建议】在诸暨市各乡镇仅少数农户零星种植，已很难收集到。建议异位妥善保存。

9 浙908

【学　名】Gramineae（禾本科）*Triticum*（小麦属）*Triticum aestivum*（普通小麦）。
【采集地】浙江省绍兴市诸暨市。

【主要特征特性】浙江省农业科学院20世纪70年代选育品种。株高103.0cm，偏高，易倒伏。叶片较宽，叶色浅绿，株型紧凑，无芒，穗纺锤形，白壳，穗长9.7cm，每穗小穗数19.4个，穗粒数71.6粒，籽粒卵圆形，千粒重36.0g。10月下旬或11月上中旬播种，翌年5月收获，全生育期180天。人工接种鉴定该品种中抗赤霉病，中抗花叶病。

【优异特性与利用价值】农户自留食用。

【濒危状况及保护措施建议】在诸暨市各乡镇仅少数农户零星种植，已很难收集到。建议异位妥善保存。

第 三 章

浙江省大麦种质资源

1 碧湖方头大麦

【学　名】Gramineae（禾本科）*Hordeum*（大麦属）*Hordeum vulgare*（大麦）。
【采集地】浙江省丽水市莲都区。

【主要特征特性】地方品种。株高118.3cm，偏高，易倒伏。株型半紧凑，叶片较宽，叶色淡绿，六棱裸大麦，长芒，穗直立，黄色，穗长6.8cm，穗粒数53.0粒，籽粒椭圆形、黄色，千粒重37.0g。11月中下旬播种，翌年4月底或5月初收获，全生育期165天。大田表现抗锈病，感赤霉病。

【优异特性与利用价值】当地种植约70年，农户自留，用于制作麦芽糖和饲料，麦秆可用于编制工艺品。

【濒危状况及保护措施建议】在丽水市莲都区各乡镇仅少数农户零星种植，已很难收集到。建议异位妥善保存。

2 大麦757

【学　名】Gramineae（禾本科）Hordeum（大麦属）Hordeum vulgare（大麦）。
【采集地】浙江省绍兴市诸暨市。

【主要特征特性】地方品种。株高109.3cm，偏高，抗倒伏。株型紧凑，叶片直立、较宽，叶绿色，六棱皮大麦，长芒，穗水平，黄色，穗长6.2cm，穗粒数61.6粒，籽粒椭圆形、黄色，千粒重36.5g。11月中下旬播种，翌年4月底或5月初收获，全生育期163天。大田表现抗锈病和赤霉病。

【优异特性与利用价值】当地农民自留，用于酿酒、制作麦芽糖和饲料。

【濒危状况及保护措施建议】在诸暨市各乡镇仅少数农户零星种植，已很难收集到。建议异位妥善保存。

3 东阳大麦

【学　名】Gramineae（禾本科）*Hordeum*（大麦属）*Hordeum vulgare*（大麦）。

【采集地】浙江省金华市东阳市。

【主要特征特性】地方品种。株高121.0cm，偏高，抗倒伏。株型紧凑，叶片直立、较宽，叶绿色，二棱皮大麦；长芒，穗直立，黄色，穗长7.5cm，穗粒数32.6粒，籽粒椭圆形、黄色，千粒重54.0g。11月中下旬播种，翌年4月底或5月初收获，全生育期160天。大田表现抗锈病和赤霉病。

【优异特性与利用价值】当地农民自留，用于酿酒、制作麦芽糖和饲料。

【濒危状况及保护措施建议】在东阳市各乡镇仅少数农户零星种植，已很难收集到。建议异位妥善保存。

4 景宁大麦

【学　名】Gramineae（禾本科）Hordeum（大麦属）Hordeum vulgare（大麦）。

【采集地】浙江省丽水市景宁畲族自治县。

【主要特征特性】地方品种。株高118.7cm，偏高，易倒伏。株型半紧凑，叶片较宽，叶色淡绿，四棱裸大麦，长芒，穗直立，黄色，穗长11.4cm，穗粒数54.6粒，籽粒椭圆形、黄色，千粒重33.5g。11月中下旬播种，翌年4月底或5月初收获，全生育期160天。大田表现抗锈病和赤霉病。

【优异特性与利用价值】当地农民自留，用于酿酒、食用和制作饲料。

【濒危状况及保护措施建议】在景宁畲族自治县各乡镇仅少数农户零星种植，已很难收集到。建议异位妥善保存。

5 两撇胡大麦

【学　名】Gramineae（禾本科）*Hordeum*（大麦属）*Hordeum vulgare*（大麦）。
【采集地】浙江省杭州市淳安县。

【主要特征特性】地方品种。株高107.3cm，偏高，抗倒伏。株型紧凑，叶片较宽，叶色淡绿，二棱皮大麦，长芒，穗直立，黄色，穗长8.6cm，穗粒数32.4粒，籽粒纺锤形、黄色，千粒重52.0g。11月中下旬播种，翌年4月底或5月初收获，全生育期162天。大田表现抗锈病和赤霉病。

【优异特性与利用价值】当地农民自留，可用作饲料。

【濒危状况及保护措施建议】在淳安县各乡镇仅少数农户零星种植，已很难收集到。建议异位妥善保存。

6 宁海二棱大麦

【学　名】Gramineae（禾本科）Hordeum（大麦属）Hordeum vulgare（大麦）。
【采集地】浙江省宁波市宁海县。

【主要特征特性】地方品种。株高112.7cm，偏高，抗倒伏。株型半紧凑，叶片较宽，叶色淡绿，二棱皮大麦，长芒，穗直立，黄色，穗长7.1cm，穗粒数28.8粒，籽粒椭圆形、黄色，千粒重54.5g。11月中下旬播种，翌年4月底或5月初收获，全生育期160天。大田表现抗锈病和赤霉病。

【优异特性与利用价值】当地种植约40年，农户自留，可用作饲料。

【濒危状况及保护措施建议】在宁海县各乡镇仅少数农户零星种植，已很难收集到。建议异位妥善保存。

7 瑞安大麦
【学 名】Gramineae（禾本科）*Hordeum*（大麦属）*Hordeum vulgare*（大麦）。
【采集地】浙江省温州市瑞安市。

【主要特征特性】地方品种。株高76.3cm，适中。株型紧凑，叶片直立、较宽，叶绿色，茎秆紫色，二棱皮大麦，长芒，穗直立，黄色，穗长8.9cm，穗粒数30.4粒，籽粒椭圆形、黄色，千粒重54.0g。11月中下旬播种，翌年4月底或5月初收获，全生育期165天，晚熟。大田表现抗锈病和赤霉病。

【优异特性与利用价值】当地种植约60年，农户自留，为麦芽糖专用大麦，也可用于酿酒和制作饲料。

【濒危状况及保护措施建议】在瑞安市各乡镇仅少数农户零星种植，已很难收集到。建议异位妥善保存。

第四章

浙江省荞麦种质资源

第一节 野生荞麦

1 淳安野生荞麦

【学　名】Polygonaceae（蓼科）*Fagopyrum*（荞麦属）*Fagopyrum cymosum*（金荞麦）。

【采集地】浙江省杭州市淳安县。

【主要特征特性】多年生野生资源，晚熟，种子繁殖或根扦插繁殖，全年无霜期为生育期，下霜后，地上部茎叶枯死，1～2月气温回升时，根部发新芽，收获块根，全生育期236天。根木质化，主根粗大，呈结状，横走，红褐色。中部叶片戟状或三角形，叶脉紫色。一年开花2次，第一次5～6月开花，但不结实，9月中旬第二次开花。聚伞花序顶生或腋生，中散，花药红色，花白色，花型长型，花序梗红或绿，花期9～12月。10月上旬进入成熟期，至12月。种子三角形，易脱落，长6.8mm、宽5.3mm，红褐色，表面光滑，种皮绿色，千粒重45.5g，结实期10～12月。当地农民认为该品种根、茎、叶、种子均可利用，可以食用、饲用、保健药用。

【优异特性与利用价值】适应性强，较其他野生荞麦开花早，花白色，种子褐色，一年中初夏和秋天两次开花，但初夏开花不结实。具有多种功能，食用、药用、饲用均可，因为富含营养，近年来成为保健食品，块根为中药材，幼芽可作茶。

【濒危状况及保护措施建议】建立金荞麦种植保护区，挖掘利用价值，提高附加值，以提高种植经济效益，扩大种植面积，异地种植保存。

2 富阳野荞麦-1

【学 名】Polygonaceae（蓼科）*Fagopyrum*（荞麦属）*Fagopyrum cymosum*（金荞麦）。

【采集地】浙江省杭州市富阳区。

【主要特征特性】多年生野生资源、晚熟、种子或扦插繁殖，全年无霜期为生育期，下霜后，地上部茎叶枯死，1~2月根部发出新芽，收获块根，全生育期243天。根木质化，主根粗大，呈结状，横走，红褐色。中部叶片戟状或三角形，叶脉紫色或绿色。9月中旬开花，至12月。聚伞花序顶生或腋生，中散，花药红色，花白色，花型长型，花序梗红或绿。株高148cm，茎粗12.3mm，单株有效茎数24.0个，籽粒着生高度39.7cm。10月中旬进入果实成熟期，果实采收直到12月。种子三角形，易脱落，长7.2mm、宽5.9mm，表面光滑，种皮绿色，千粒重58.7g。当地农民认为该品种抗逆性强，种子、根、茎、叶均可利用，茎叶饲用、根可药用。

【优异特性与利用价值】适应性强，9月中旬开花，种子容易脱落。具有多种药用功能，因为富含营养，近年来成为保健食品，块根为中药材，幼芽可作茶。

【濒危状况及保护措施建议】建立金荞麦种植保护区，挖掘利用价值，提高附加值，以提高种植经济效益，扩大种植面积，异地保存种质。

3 富阳野荞麦 -2

【学　名】Polygonaceae（蓼科）*Fagopyrum*（荞麦属）*Fagopyrum cymosum*（金荞麦）。

【采集地】浙江省杭州市富阳区。

【主要特征特性】多年生野生资源，晚熟，种子或扦插繁殖，全年无霜期为生育期，下霜后，地上部茎叶枯死，1～2月根部发出新芽，收获块根，全生育期243天。根木质化，主根粗大，呈结状，横走，红褐色。中部叶片戟状或三角形，叶脉紫色或绿色。聚伞花序顶生或腋生，中散，花药红色，花白色，花型长型，花序梗红或绿，花期9～12月。种子三角形，易脱落，长7.2mm、宽5.6mm，红褐色，表面光滑，种皮绿色，千粒重59.5g，结实期10～12月。当地农民认为该品种耐贫瘠，可饲用、药用。

【优异特性与利用价值】适应性强，秋天开花。全株可利用，具有多种药用功能，因为富含营养，近年来成为保健食品，幼芽可作茶。

【濒危状况及保护措施建议】建立金荞麦种植保护区，挖掘利用价值，提高附加值，以提高种植经济效益，扩大种植面积，异地保存种质。

4 磐安野荞麦

【学 名】Polygonaceae（蓼科）Fagopyrum（荞麦属）Fagopyrum cymosum（金荞麦）。

【采集地】浙江省金华市磐安县。

【主要特征特性】多年生野生资源，晚熟，种子或扦插繁殖，全年无霜期为生育期，下霜后，地上部茎叶枯死，1～2月根部发出新芽，收获块根，全生育期256天。根木质化，主根粗大，呈结状，横走，红褐色。叶片戟状三角形，叶脉紫色或绿色，夏季高温时叶片脱落，天气转凉时，茎上重新长出叶片。聚伞花序顶生或腋生，中散，花药红色，花白色，花型长型，花序梗红或绿，花期9～12月。种子三角形，易脱落，长7.7mm、宽6.2mm，表面光滑，种皮绿色，千粒重68.7g，结实期10～12月。当地农民认为该品种广适、耐贫瘠，全株均可利用。

【优异特性与利用价值】适应性强，秋天开花。具有多种药用功能，因为富含营养，近年来成为保健食品，幼芽可作茶。

【濒危状况及保护措施建议】建立金荞麦种植保护区，挖掘利用价值，提高附加值，以提高种植经济效益，扩大种植面积，异地种植保存。

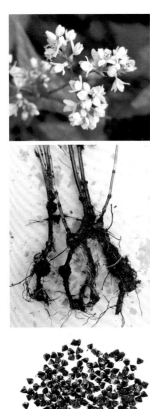

第二节 农 家 品 种

1 淳安苦荞麦

【学　名】Polygonaceae（蓼科）*Fagopyrum*（荞麦属）*Fagopyrum tataricum*（苦荞麦）。
【采集地】浙江省杭州市淳安县。

【主要特征特性】植株直立，生长习性为无限型，早熟，适宜春、秋季两季播种。秋季播种时间8月15日，9月20日始花，10月21日成熟，全生育期67天。株高103cm，茎粗6.3mm，主茎节数为19.0个，主茎分枝数5.9个，茎绿色，株型半松散。幼苗期，叶色绿，中部主茎叶片心形，叶色深绿。花黄绿色，雄蕊与柱头等长，花序梗绿色或浅红。单株花序数75.2个，单花序种子数4.6粒。种子短锥形，有3条凹线，种子长5.3mm、宽2.9mm，种皮黄绿色，千粒重20.9g，单株产量5.4g。中抗叶枯病。当地农民认为该品种耐贫瘠，生育期短，抗逆性强，可多次播种多次收获。

【优异特性与利用价值】早熟，中抗叶枯病。苦荞麦是药食同源的作物，种子含有生物活性物质黄酮、多种氨基酸、微量元素，具有多种药用功能，可加工成多种食品（如苦荞茶）或酿酒，也可作为育种材料。

【濒危状况及保护措施建议】苦荞麦是低产作物，种植面积小，因具有多种药用价值，近年来加工利用越来越广。建议扩大种植面积，妥善异位保存。

2 淳安甜荞麦

【学 名】Polygonaceae（蓼科）*Fagopyrum*（荞麦属）*Fagopyrum esculentum*（荞麦）。
【采集地】浙江省杭州市淳安县。

【主要特征特性】植株直立，生长习性为无限型，晚熟。播种时间8月15日，9月15日始花，11月4日成熟，全生育期81天。株高137cm，茎粗7.7mm，主茎节数为15.6个，主茎分枝数5.2个，茎红绿色，株型紧凑。幼茎红绿色，成株茎红绿色，叶色绿，中部主茎叶片心形或剑形，叶色深绿。花序总状或伞状，紧，顶生或腋生，花白色，花型为长型，花序梗绿色或红色。单株花序数90.5个，单花序种子数3.1粒。种子楔形，种子有3棱，种子长5.3mm、宽3.6mm，种皮黄绿色，千粒重29.0g，单株产量8.1g。

【优异特性与利用价值】晚熟。当地农户用该品种籽粒磨粉做饼，也可以作为观赏和蜜源植株，以及作物育种材料。

【濒危状况及保护措施建议】建议扩大种植面积，妥善异位保存。

3 建德苦荞

【学　名】Polygonaceae（蓼科）*Fagopyrum*（荞麦属）*Fagopyrum tataricum*（苦荞麦）。
【采集地】浙江省杭州市建德市。

【主要特征特性】植株直立，生长习性为无限型，晚熟。播种时间8月15日，9月24日始花，11月4日成熟，全生育期81天。株高86cm，茎粗6.0mm，主茎节数为11.4个，主茎分枝数3.7个，茎浅绿色，株型半松散。幼苗期，叶色绿，中部主茎叶片剑形或心形，叶色深绿。花序总状，花黄绿色，雄蕊与柱头等长，花序梗绿色。单株花序数52.0个，单花序种子数3.2粒。种子短锥形，有3条凹线，籽粒深灰，种子长5.3mm、宽2.9mm，种皮黄绿带褐色，千粒重20.0g，单株产量5.5g。当地农民认为该品种耐旱、耐贫瘠。

【优异特性与利用价值】晚熟品种。苦荞麦是药食同源的作物，种子含有生物活性物质黄酮、多种氨基酸、微量元素，具有多种药用功能，可加工成多种食品（如苦荞茶）或酿酒，也可作为育种材料。

【濒危状况及保护措施建议】苦荞麦是产量低的作物，种植效益差，因具有多种药用价值，近年来加工利用越来越广。建议扩大种植面积，妥善异位保存。

4 建德甜荞

【学　名】Polygonaceae（蓼科）*Fagopyrum*（荞麦属）*Fagopyrum esculentum*（荞麦）。
【采集地】浙江省杭州市建德市。

【主要特征特性】植株直立，生长习性为无限型，晚熟。播种时间8月15日，9月11日始花，11月4日成熟，全生育期81天。株高141cm、茎粗8.0mm，主茎节数为18.9个，主茎分枝数3.0个，幼茎红绿色，茎红色，株型半松散。叶色绿，中部主茎叶片戟形或剑形，叶色深绿。伞状花序，半松散，花白色或粉色，花型为短型，花序梗绿色。单株花序数90.6个，单花序种子数3.2粒。种子楔形，种子有3棱，籽粒灰花色，瘦果长6.2mm、宽3.6mm，种皮黄绿色，千粒重29.4g，单株产量8.5g。

【优异特性与利用价值】晚熟。甜荞麦是药食同源的作物，种子含有生物活性物质黄酮、多种氨基酸、微量元素，具有多种药用功能，可加工成多种食品或酿酒，也可作为育种材料。

【濒危状况及保护措施建议】建议扩大种植面积，妥善异位保存。

5 临安荞麦-1 【学　名】Polygonaceae（蓼科）*Fagopyrum*（荞麦属）*Fagopyrum esculentum*（荞麦）。
【采集地】浙江省杭州市临安区。

【主要特征特性】植株直立，生长习性为无限型，中熟。播种时间8月15日，9月16日始花，10月21日成熟，全生育期67天。株高132cm，茎粗7.1mm，主茎节数为15.6个，主茎分枝数5.3个，幼茎红绿色，茎红色，株型半松散。叶色绿，中部主茎叶片剑形，叶色深绿。伞状花序，半松散，花白色或粉色，花型为短型，花序梗绿色。单株花序数81.6个，单花序种子数3.6粒。种子楔形，种子有3棱，籽粒灰花色，长6.2mm、宽3.5mm，种皮黄绿色，千粒重26.9g，单株产量8.0g。

【优异特性与利用价值】中熟，当地农户用于做玉米糊。甜荞麦是药食同源的作物，种子含有生物活性物质黄酮、多种氨基酸、微量元素，具有多种药用功能，可加工成多种食品或酿酒，也可以作观赏和蜜源植物，可作为育种材料。

【濒危状况及保护措施建议】建议扩大种植面积，妥善异位保存。

6 临安荞麦-2
【学 名】Polygonaceae（蓼科）*Fagopyrum*（荞麦属）*Fagopyrum esculentum*（荞麦）。
【采集地】浙江省杭州市临安区。

【主要特征特性】植株直立，生长习性为无限型，中熟。播种时间8月15日，9月16日始花，10月21日成熟，全生育期67天。株高119cm，茎粗6.9mm，主茎节数为16.6个，主茎分枝数4.8个，幼茎红色，茎红色，株型为中间类型。幼苗期叶绿色，植株中部主茎叶片剑形，叶色深绿。伞状花序，半松散，花白色，花型为短型，花序梗绿色。单株花序数107.4个，单花序种子数3.0粒。种子楔形，种子有3棱，长5.9mm、宽3.4mm，种皮黄绿色，千粒重24.7g，单株产量8.0g。

【优异特性与利用价值】中熟，当地农户自家食用、饲用、药用或酿酒，也可与玉米一起做玉米糊。甜荞麦是药食同源的作物，种子含有生物活性物质黄酮、多种氨基酸、微量元素，具有多种药用功能，可加工成多种食品或酿酒，也可作为育种材料。

【濒危状况及保护措施建议】建议扩大种植面积，妥善异位保存。

7 磐安甜荞

【学　名】Polygonaceae（蓼科）*Fagopyrum*（荞麦属）*Fagopyrum esculentum*（荞麦）。
【采集地】浙江金华市磐安县。

【主要特征特性】植株直立，生长习性为无限型，晚熟。播种时间8月15日，9月9日始花，11月6日成熟，全生育期83天。株高140cm，茎粗7.7mm，主茎节数为16.3个，主茎分枝数3.9个，幼茎红色，茎红色，株型为中间类型。幼苗期叶绿色，植株中部主茎叶片剑形，叶色绿，成熟期转为红色。伞状花序，半松散，花白色或粉色，花型为长型，花序梗绿色或绿带红。单株花序数96.6个，单花序种子数3.0粒。种子楔形，种子有3棱，籽粒褐花，种子长6.6mm、宽3.9mm，种皮黄绿色，千粒重32.1g，单株产量9.1g。当地农民认为该品种优质、耐贫瘠。

【优异特性与利用价值】晚熟，花白色或粉色，可用于做饼。甜荞麦是药食同源的作物，种子含有生物活性物质黄酮、多种氨基酸、微量元素，具有多种药用功能，可加工成多种食品或酿酒，也可作为育种材料。

【濒危状况及保护措施建议】建议扩大种植面积，妥善异位保存。

8 衢江荞麦

【学 名】Polygonaceae（蓼科）Fagopyrum（荞麦属）Fagopyrum esculentum（荞麦）。

【采集地】浙江省衢州市衢江区。

【主要特征特性】植株直立，生长习性为无限型，晚熟。播种时间8月15日，9月17日始花，11月6日成熟，全生育期83天。株高134cm，茎粗7.3mm，主茎节数为16.0个，主茎分枝数4.9个，幼茎红色，茎红色，株型半松散。幼苗期叶绿色，植株中部主茎叶片心形，叶色绿，成熟期转为红色。伞状花序，半松散，花白色，花型为短型，花序梗绿色。单株花序数96.8个，单花序种子数3.4粒。种子楔形，种子有3棱，籽粒褐色，种子长6.5mm、宽3.7mm，种皮黄绿色，千粒重28.5g，单株产量9.5g。当地农民认为该品种优质、耐贫瘠，亩产75～100kg（1亩≈666.7m²，后文同）。

【优异特性与利用价值】晚熟，可用于做饼。甜荞麦是药食同源的作物，种子含有生物活性物质黄酮、多种氨基酸、微量元素，具有多种药用功能，可加工成多种食品或酿酒，也可作为育种材料。

【濒危状况及保护措施建议】建议扩大种植面积，妥善异位保存。

9 天台荞麦

【学　名】Polygonaceae（蓼科）Fagopyrum（荞麦属）Fagopyrum esculentum（荞麦）。
【采集地】浙江省台州市天台县。

【主要特征特性】植株直立，生长习性为有限型，晚熟。播种时间8月15日，9月9日始花，11月4日成熟，全生育期81天。株高132cm，茎粗7.4mm，主茎节数为15.0个，主茎分枝数4.6个，幼茎红色，植株茎下部红色，上部绿色，株型为中间类型。幼苗期叶绿色，植株中部主茎叶片剑形，叶色绿。伞状花序，半松散，花白色或粉色，花型为短型，花序梗绿色。单株花序数87.2个，单花序种子数2.3粒。种子楔形，种子有3棱，籽粒灰花色，种子长6.7mm、宽3.9mm，种皮黄绿色，千粒重34.6g，单株产量6.9g。当地农民认为该品种优质。

【优异特性与利用价值】晚熟。甜荞麦是药食同源的作物，种子含有生物活性物质黄酮、多种氨基酸、微量元素，具有多种药用功能，可加工成多种食品或酿酒，也可作为育种材料。

【濒危状况及保护措施建议】建议扩大种植面积，妥善异位保存。

10 武义苦荞麦
【学　名】Polygonaceae（蓼科）*Fagopyrum*（荞麦属）*Fagopyrum tataricum*（苦荞麦）。
【采集地】浙江省金华市武义县。

【主要特征特性】植株直立，生长习性为无限型，晚熟。播种时间8月15日，9月24日始花，11月4日成熟，全生育期81天。株高114cm，茎粗6.8mm，主茎节数为20.3个，主茎分枝数6.9个，茎浅绿色，株型为中间类型。幼苗期，叶色绿，中部主茎叶片心形，叶色绿。花序总状，顶生或腋生，黄绿色，雄蕊与柱头等长，花序梗绿色。单株花序数52.0个，单花序种子数3.2粒。种子短锥形，种子有3条凹线，籽粒深灰，种子长5.5mm、宽3.0mm，种皮黄绿带褐色，千粒重21.8g，单株产量10.4g，抗叶枯病。当地农民认为该品种品质优。

【优异特性与利用价值】晚熟品种。苦荞麦是药食同源的作物，种子含有生物活性物质黄酮、多种氨基酸、微量元素，具有多种药用功能，可加工成多种食品（如苦荞茶）或酿酒。当地当地农民用于做荞麦米糕，可降血脂，有苦味，香味浓，也可作为育种材料。

【濒危状况及保护措施建议】苦荞麦是产量低的作物，种植效益差，因具有多种药用价值，近年来加工利用越来越广。建议扩大种植面积，妥善异位保存。

11 武义荞麦

【学 名】Polygonaceae（蓼科）Fagopyrum（荞麦属）Fagopyrum esculentum（荞麦）。

【采集地】浙江省金华市武义县。

【主要特征特性】植株直立，生长习性为有限型，早熟。播种时间8月15日，9月9日始花，10月14日成熟，全生育期59天。株高81cm，茎粗5.5mm，主茎节数为11.4个，主茎分枝数3.8个，幼茎红色，植株茎下部红色，上部绿色，株型为中间类型。幼苗期叶绿色，植株中部主茎叶片剑形，叶色绿。伞状花序，紧密，花白色，花型为短型，花序梗绿色。单株花序数46.2个，单花序种子数3.0粒。种子楔形，种子有3棱，种子长6.9mm、宽4.0mm，种皮黄绿色，千粒重35.3g，单株产量4.9g。

【优异特性与利用价值】早熟品种，有限生长，种子较大，春秋两季种植。甜荞麦是药食同源的作物，种子含有生物活性物质黄酮、多种氨基酸、微量元素，具有多种药用功能，可加工成多种食品或酿酒。

【濒危状况及保护措施建议】建议扩大种植面积，妥善异位保存。

第五章

浙江省玉米种质资源

第一节 硬 粒 玉 米

1 120日黄 【学 名】Gramineae（禾本科）*Zea*（玉蜀黍属）*Zea mays*（玉米）。
【采集地】浙江省杭州市淳安县。

【主要特征特性】普通玉米，地方品种，粮用或饲用型，叶片平展，全生育期122天，晚熟。株高250.0cm，穗位高172.3cm，穗长20.5cm，穗粗4.7cm，穗轴白色，穗行数12.0行，行粒数34.5粒，粒深9.8mm，百粒重28.2g，籽皮黄色，硬粒型。5月下旬播种，10月上旬收获。当地农民认为该品种耐旱，玉米粉质优。

【优异特性与利用价值】耐旱、耐热、耐贫瘠，鲜食、粉用或饲用。

【濒危状况及保护措施建议】浙江省杭州市淳安县及周边地区均可种植。现主要由当地丘陵区少数老农种植，每年自发留种保存，种植面积较小，建议异位妥善保存的同时，加强种质鉴定和育种利用。

2 90日黄 【学 名】Gramineae（禾本科）*Zea*（玉蜀黍属）*Zea mays*（玉米）。
【采集地】浙江省杭州市淳安县。

【主要特征特性】普通玉米，地方品种，粮用或饲用型，叶片平展，全生育期101天，中熟。株高260.0cm，穗位高170.3cm，穗长14.5cm，穗粗3.9cm，穗轴白色，穗行数16.0行，行粒数20.5粒，粒深8.8mm，百粒重26.2g，籽皮黄色，硬粒型。7月中旬播种，10月中下旬收获。当地农民认为该品种耐旱，玉米粉质优。

【优异特性与利用价值】耐旱、耐热、耐贫瘠、鲜食、粉用或饲用。

【濒危状况及保护措施建议】浙江省杭州市淳安县及周边地区均可种植。现主要由当地丘陵区少数老农种植，每年自发留种保存，种植面积较小，建议异位妥善保存的同时，加强种质鉴定和育种利用。

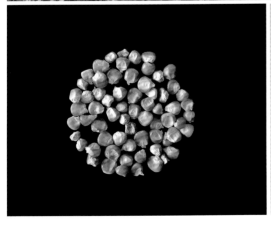

3 白苞萝

【学　名】Grameneae（禾本科）*Zea*（玉蜀黍属）*Zea mays*（玉米）。
【采集地】浙江省衢州市开化县。

【主要特征特性】普通玉米，地方品种，粉用型，6月中旬播种，11月中旬收获，全生育期140天，晚熟。株高170.8cm，穗位高95.0cm，穗长12.0～17.0cm，穗粗4.0cm，穗轴白色，穗行数14.0行，行粒数38.2粒，粒深9.8mm，百粒重31.5g，籽皮乳白色。硬粒型，该玉米品种耐瘠薄。当地农民认为该品种可鲜食，食用品质优。

【优异特性与利用价值】耐贫瘠，鲜食、粮用或饲用。

【濒危状况及保护措施建议】浙江省及周边省市均可种植。现主要由当地丘陵区少数老农种植，每年自发留种保存，种植面积较小，建议异位妥善保存的同时，加强种质鉴定和育种利用。

4 白籽玉米

【学　名】Grimineae（禾本科）Zea（玉蜀黍属）Zea mays（玉米）。

【采集地】浙江省衢州市开化县。

【主要特征特性】普通玉米，地方品种，粮用或饲用型，叶片平展，全生育期121天，晚熟。株高227.6cm，穗位高149.2cm，穗长22.3cm，穗粗4.0cm，穗轴白色，穗行数12.0行，行粒数44.2粒，粒深9.6mm，百粒重32.5g，籽皮乳白色，硬粒型。7月中旬播种，10月下旬收获。当地农民认为该品种粉质好。

【优异特性与利用价值】优质，耐旱、耐寒、耐热、耐涝、耐贫瘠，饲粮两用。

【濒危状况及保护措施建议】浙江省衢州市开化县及周边地区均可种植。现主要由当地丘陵区少数老农种植，每年自发留种保存，种植面积较小，建议异位妥善保存的同时，加强种质鉴定和育种利用。

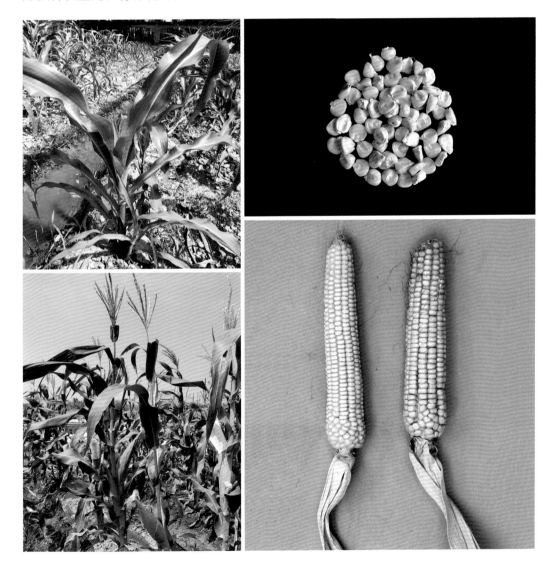

5 淳安黄玉米

【学 名】Gramineae（禾本科）Zea（玉蜀黍属）Zea mays（玉米）。
【采集地】浙江省杭州市淳安县。

【主要特征特性】普通玉米，地方品种，粮用或饲用型，叶片平展，全生育期120天，晚熟。株高200.5cm，穗位高112.4cm，穗长20.5cm，穗粗4.2cm，穗轴白色，穗行数14.0行，行粒数32.5粒，粒深8.9mm，百粒重32.3g，籽皮黄色，硬粒型。6月中旬播种，9月中下旬收获。当地农民认为该品种可鲜食，耐旱。

【优异特性与利用价值】耐旱、耐热、耐贫瘠，饲粮两用。

【濒危状况及保护措施建议】浙江省杭州市淳安县及周边地区均可种植。现主要由当地丘陵区少数老农种植，每年自发留种保存，种植面积较小，建议异位妥善保存的同时，加强种质鉴定和育种利用。

6 东阳白玉米

【学 名】Graminae（禾本科）Zea（玉蜀黍属）Zea mays（玉米）。
【采集地】浙江省金华市东阳市。

【主要特征特性】普通玉米，地方品种，粮用或饲用型，全生育期122天，晚熟。株型高大，叶片平展，株高315.0cm，穗位高170.0cm，穗长20.5cm，穗粗3.9cm，穗轴白色，穗行数12.0行，行粒数42.3粒，粒深9.6mm，百粒重32.5g，籽皮白色，硬粒型。7月上旬播种，10月下旬收获，茎秆粗壮，抗逆性好，食用品质优，耐贫瘠，适宜磨粉或用作饲料。当地农民认为该品种优质，耐贫瘠。

【优异特性与利用价值】优质，耐贫瘠，饲粮两用。

【濒危状况及保护措施建议】浙江省金华市及周边地区均可种植。现主要由当地丘陵区少数老农种植，每年自发留种保存，种植面积较小，建议异位妥善保存的同时，加强种质鉴定和育种利用。

7 黑籽玉米

【学　名】Gramineae（禾本科）*Zea*（玉蜀黍属）*Zea mays*（玉米）。
【采集地】浙江省衢州市开化县。

【主要特征特性】普通玉米，地方品种，粮用或饲用型，叶片平展，全生育期103天，中熟。株高175.4cm，穗位高97.0cm，穗长13.2cm，穗粗3.2cm，穗轴白色，穗行数10.0行，行粒数27.3粒，粒深8.2mm，百粒重20.5g，籽粒较小，籽皮红色至深红色，硬粒型。7月上旬播种，10月中旬收获。当地农民认为该品种籽粒小，粉质好。

【优异特性与利用价值】优质，耐旱、耐寒、耐热、耐涝、耐贫瘠，饲粮两用。

【濒危状况及保护措施建议】浙江省衢州市开化县及周边地区均可种植。现主要由当地丘陵区少数老农种植，每年自发留种保存，种植面积较小，建议异位妥善保存的同时，加强种质鉴定和育种利用。

8 红爆玉米

【学 名】Gramineae（禾本科）Zea（玉蜀黍属）Zea mays（玉米）。
【采集地】浙江省温州市泰顺县。

【主要特征特性】爆裂玉米，地方品种，该品种在当地3月上旬播种，9月上旬收获，全生育期140天，晚熟。株高150.0cm，穗位高60.0cm，穗长9.2cm，穗粗2.7cm，穗轴白色，穗行数12.4行，行粒数22.3粒，粒深6.5mm，百粒重24.1g，籽皮红色，硬粒型。该玉米品种生育期长，耐瘠薄，抗逆性强，植株矮小，产量低，爆裂性好，是爆裂专用型玉米。当地农民认为该品种品质优，爆裂性好。

【优异特性与利用价值】优质，耐瘠薄，抗逆性强，爆裂性好，主要利用方式为爆裂玉米产品加工。

【濒危状况及保护措施建议】浙江省及周边省市均可种植。现主要由当地丘陵区少数老农种植，每年自发留种保存，种植面积较小，建议异位妥善保存的同时，加强种质鉴定和育种利用。

9 红玉米

【学　名】Gramineae（禾本科）*Zea*（玉蜀黍属）*Zea mays*（玉米）。

【采集地】浙江省杭州市淳安县。

【主要特征特性】普通玉米，地方品种，粮用或饲用型，叶片平展，全生育期126天，晚熟。株高192.3cm，穗位高84.2cm，穗长20.3cm，穗粗4.4cm，穗轴白色，穗行数12.0行，行粒数31.6粒，粒深9.3mm，百粒重30.3g，籽皮红色，硬粒型。6月中旬播种，10月中下旬收获。当地农民认为该品种耐旱、耐热、耐贫瘠。

【优异特性与利用价值】抗性好，耐旱、耐热、耐贫瘠，饲粮两用。

【濒危状况及保护措施建议】浙江省杭州市淳安县及周边地区均可种植。现主要由当地丘陵区少数老农种植，每年自发留种保存，种植面积较小，建议异位妥善保存的同时，加强种质鉴定和育种利用。

10 花玉米

【学　名】Gramineae（禾本科）*Zea*（玉蜀黍属）*Zea mays*（玉米）。

【采集地】浙江省杭州市淳安县。

【主要特征特性】普通玉米，地方品种，粮用或饲用型，叶片平展，全生育期123天，晚熟。株高205.3cm，穗位高114.2cm，穗长20.8cm，穗粗4.4cm，穗轴白色，穗行数14.0行，行粒数31.6粒，粒深9.6mm，百粒重30.3g，籽皮紫黄相间，硬粒型。6月中旬播种，10月中下旬收获。当地农民认为该品种耐旱、耐热、耐贫瘠。

【优异特性与利用价值】耐旱、耐热、耐贫瘠，粮用或饲用。

【濒危状况及保护措施建议】浙江省杭州市淳安县及周边地区均可种植。现主要由当地丘陵区少数老农种植，每年自发留种保存，种植面积较小，建议异位妥善保存的同时，加强种质鉴定和育种利用。

11 黄种玉米

【学　名】Gramineae（禾本科）Zea（玉蜀黍属）Zea mays（玉米）。
【采集地】浙江省杭州市临安区。

【主要特征特性】普通玉米，地方品种，粉用品种，6月中旬播种，10月中旬收获，全生育期130天，晚熟。株高250.0cm，穗位高130.0cm，穗长17.0～19.0cm，穗粗4.2cm，穗轴白色，穗行10.4行，行粒数28.0粒，粒深8.9mm，百粒重29.9g，籽皮黄色。硬粒型，该玉米品种耐瘠薄。当地农民认为该品种食用品质优。

【优异特性与利用价值】耐贫瘠，品质优。

【濒危状况及保护措施建议】浙江省及周边省市均可种植。现主要由当地丘陵区少数老农种植，每年自发留种保存，种植面积较小，建议异位妥善保存的同时，加强种质鉴定和育种利用。

12 黄籽玉米

【学 名】Gramineae（禾本科）Zea（玉蜀黍属）Zea mays（玉米）。
【采集地】浙江省衢州市开化县。

【主要特征特性】普通玉米，地方品种，粮用或饲用型，叶片平展，全生育期123天，晚熟。株高249.7cm，穗位高164.1cm，穗长21.3cm，穗粗4.2cm，穗轴白色，穗行数12.0行，行粒数36.6粒，粒深9.7mm，百粒重31.3g，籽皮黄色，硬粒型。7月中旬播种，10月下旬收获。当地农民认为该品种优质、耐旱、耐寒、耐热、耐涝、耐贫瘠。
【优异特性与利用价值】优质，抗性好，饲粮两用。
【濒危状况及保护措施建议】浙江省衢州市开化县及周边地区均可种植。现主要由当地丘陵区少数老农种植，每年自发留种保存，种植面积较小，建议异位妥善保存的同时，加强种质鉴定和育种利用。

13 江山山玉米

【学　名】Gramineae（禾本科）*Zea*（玉蜀黍属）*Zea mays*（玉米）。
【采集地】浙江省衢州市江山市。

【主要特征特性】普通玉米，地方品种，粮用或饲用型，叶片平展，全生育期131天，晚熟。株高197.6cm，穗位高114.2cm，穗长17.5cm，穗粗3.7cm，穗轴白色，穗行数14.0行，行粒数31.6粒，粒深8.7mm，百粒重30.3g，籽皮黄色，硬粒型。7月下旬播种，10月下旬收获。当地农民认为该品种耐旱、耐热、耐贫瘠。

【优异特性与利用价值】耐旱、耐热、耐贫瘠，饲粮两用。

【濒危状况及保护措施建议】浙江省衢州市江山市及周边地区均可种植。现主要由当地丘陵区少数老农种植，每年自发留种保存，种植面积较小，建议异位妥善保存的同时，加强种质鉴定和育种利用。

14 龙游大街山玉米

【学　名】Gramineae（禾本科）Zea（玉蜀黍属）Zea mays（玉米）。

【采集地】浙江省衢州市龙游县。

【主要特征特性】普通玉米，地方品种，粮用或饲用型，叶片平展，全生育期130天，晚熟。株高185.0cm，穗位高90.0cm，穗长15.2cm，穗粗3.9cm，穗轴白色，穗行数12.0行，行粒数30.5粒，粒深9.5mm，百粒重30.5g，籽粒较小，籽皮黄色，硬粒型。3月上中旬播种，8月上中旬收获。当地农民认为该品种耐旱。

【优异特性与利用价值】耐旱，玉米香味浓，饲粮两用。

【濒危状况及保护措施建议】浙江省衢州市龙游县及周边地区均可种植。现主要由当地丘陵区少数老农种植，每年自发留种保存，种植面积较小，建议异位妥善保存的同时，加强种质鉴定和育种利用。

15 龙游庙下山玉米

【学　名】Gramineae（禾本科）*Zea*（玉蜀黍属）*Zea mays*（玉米）。
【采集地】浙江省衢州市龙游县。

【主要特征特性】普通玉米，地方品种，粮用或饲用型，叶片平展，全生育期133天，晚熟。株高185.0cm，穗位高95.0cm，穗长17.2cm，穗粗4.7cm，穗轴白色，穗行数12.0行，行粒数32.3粒，粒深10.5mm，百粒重31.5g，籽皮黄色，硬粒型。3月上旬播种，8月中旬收获。当地农民认为该品种耐寒、耐旱。

【优异特性与利用价值】耐旱、耐寒，玉米香味浓，可用于制作玉米粉、爆米花。

【濒危状况及保护措施建议】浙江省衢州市龙游县及周边地区均可种植。现主要由当地丘陵区少数老农种植，每年自发留种保存，种植面积较小，建议异位妥善保存的同时，加强种质鉴定和育种利用。

16 黑梅玉米
【学　名】Gramineae（禾本科）Zea（玉蜀黍属）Zea mays（玉米）。
【采集地】浙江省杭州市萧山区。

【主要特征特性】普通玉米，地方品种，粉用类型。6月下旬播种，11月下旬收获，全生育期95天，早熟。株高167.0cm，穗长10.0cm，穗粗2.8cm，穗轴白色，百粒重25.5g，穗位高57.0cm，穗行数12.4行，行粒数28.4粒，粒深7.6mm，籽粒为黑色，硬粒型。当地农民认为该品种耐旱、耐瘠薄，抗逆性强，可鲜食，老熟玉米加工成玉米粉。

【优异特性与利用价值】耐旱、耐贫瘠，抗逆性强，可鲜食，饲用或粉用。

【濒危状况及保护措施建议】在浙江省及周边省份均可种植。现主要由当地少数老农种植，每年自发留种保存，种植面积较小，建议异位妥善保存的同时，加强种质鉴定和育种利用。

17 浦江山玉米

【学　名】Gramineae（禾本科）Zea（玉蜀黍属）Zea mays（玉米）。
【采集地】浙江省金华市浦江县。

【主要特征特性】普通玉米，地方品种，粮用或饲用型，6月中旬播种，10月中旬收获，全生育期122天，晚熟。株高260.0cm，穗位高140.0cm，穗长21.5cm，穗粗4.1cm，穗轴白色，穗行数14.2行，行粒数35.5粒，粒深8.5mm，百粒重32.5g，籽皮黄色，硬粒型。植株高大，叶片平展，食用品质优，抗逆性好。茎秆粗壮，叶片平展型，耐贫瘠，适宜磨粉，可作饲料。当地农民认为该品种植株高大粗壮，抗逆性好，饲粮两用。

【优异特性与利用价值】优质，饲粮两用。

【濒危状况及保护措施建议】浙江省金华市及周边地区均可种植。现主要由当地丘陵区少数老农种植，每年自发留种保存，种植面积较小，建议异位妥善保存的同时，加强种质鉴定和育种利用。

18 山黄子

【学　名】Gramineae（禾本科）Zea（玉蜀黍属）Zea mays（玉米）。

【采集地】浙江省金华市武义县。

【主要特征特性】普通玉米，地方品种，粮用或饲用型，叶片平展，全生育期125天，晚熟。株高250.0cm，穗位高124.0cm，穗长18.0cm，穗粗4.2cm，穗轴白色，穗行数16.0行，行粒数34.5粒，粒深9.0mm，百粒重30.2g，籽皮黄色，硬粒型。5月下旬播种，11月上旬收获。当地农民认为该品种耐旱，玉米粉质优。

【优异特性与利用价值】抗逆性好，饲粮两用。

【濒危状况及保护措施建议】浙江省金华市武义县及周边地区均可种植。现主要由当地山区少数老农种植，每年自发留种保存，种植面积较小，建议异位妥善保存的同时，加强种质鉴定和育种利用。

19 桐庐山苞萝

【学　名】Graminae（禾本科）Zea（玉蜀黍属）Zea mays（玉米）。

【采集地】浙江省杭州市桐庐县。

【主要特征特性】普通玉米，地方品种，饲粮两用型。叶片平展，全生育期110天，中熟。株高174.0cm，穗长16.0cm，穗粗4.5cm，穗轴白色，百粒重30.5g。穗位高94.0cm，穗行数13.4行，行粒数36.6粒，粒深9.6mm，籽粒为黄色，硬粒型，该玉米耐旱、耐瘠薄、抗逆性强，早熟。该地方种在当地5月中旬播种，9月中旬收获，加工成玉米粉食用。当地农民认为该品种有耐旱、口感好、味香等特点。

【优异特性与利用价值】耐旱、耐贫瘠，抗逆性强，饲粮两用。

【濒危状况及保护措施建议】浙江省及周边省市均可种植。现主要由当地丘陵区少数老农种植，每年自发留种保存，种植面积较小，建议异位妥善保存的同时，加强种质鉴定和育种利用。

20 土苞萝

【学　名】 *Gramineae*（禾本科）*Zea*（玉蜀黍属）*Zea mays*（玉米）。

【采集地】 浙江省丽水市松阳县。

【主要特征特性】 普通玉米，地方品种，粉用品种，5月中旬播种，9月中旬收获，全生育期120天，晚熟。株高190.8cm，穗位高90.0cm，穗长16.0～19.0cm，穗粗4.0cm，穗轴白色，穗行数12.0行，行粒数36.0粒，粒深9.7mm，百粒重29.3g，籽皮黄色，粉质细腻。硬粒型，该玉米品种耐瘠薄。当地农民认为该品种食用品质优。

【优异特性与利用价值】 食用品质优，耐贫瘠，饲粮两用。

【濒危状况及保护措施建议】 浙江省及周边省市均可种植。现主要由当地丘陵区少数老农种植，每年自发留种保存，种植面积较小，建议异位妥善保存的同时，加强种质鉴定和育种利用。

21 仙居120天玉米

【学　名】Gramineae（禾本科）*Zea*（玉蜀黍属）*Zea mays*（玉米）。

【采集地】浙江省台州市仙居县。

【主要特征特性】普通玉米，地方品种，粉用品种，6月中旬播种，10月中旬收获，全生育期125天，晚熟。株高181.0cm，穗位高100.0cm，穗长15.0～17.0cm，穗粗5.2cm，穗轴白色，穗行数14.0行，行粒数31.0粒，粒深9.9mm，百粒重29.9g，籽皮黄色。硬粒型，该玉米品种耐瘠薄。当地农民认为该品种食用品质优。

【优异特性与利用价值】耐贫瘠，食用品质优，可鲜食。

【濒危状况及保护措施建议】浙江省及周边省市均可种植。现主要由当地丘陵区少数老农种植，每年自发留种保存，种植面积较小，建议异位妥善保存的同时，加强种质鉴定和育种利用。

22 小粒黄

【学　名】Gramineae（禾本科）Zea（玉蜀黍属）Zea mays（玉米）。

【采集地】浙江省金华市武义县。

【主要特征特性】普通玉米，地方品种，粮用或饲用型，6月上旬播种，10月上旬收获，全生育期125天，晚熟。株高210.0cm，穗位高110.0cm，穗长22.3cm，穗粗4.3cm，穗轴白色，穗行数16.4行，行粒数44.2粒，粒深8.6mm，百粒重29.3g，籽皮黄色，硬粒型。适宜鲜食，粉用，老熟种子炒熟当干粮，口味香甜，有糯性。亩产鲜穗750kg，茎秆粗壮，叶片半开展型，当地农民认为该品种优质、耐旱、耐热、耐贫瘠。

【优异特性与利用价值】抗逆、食用品质优，可鲜食或当干粮用。

【濒危状况及保护措施建议】浙江省及周边省市均可种植。现主要由当地少数老农种植，每年自发留种保存，种植面积较小，建议异位妥善保存的同时，加强种质鉴定和育种利用。

23 梓桐白玉米

【学　名】Graminenae（禾本科）*Zea*（玉蜀黍属）*Zea mays*（玉米）。

【采集地】浙江省杭州市淳安县。

【主要特征特性】普通玉米，地方品种，粮饲两用型。叶片平展，5月下旬播种，10月下旬收获，全生育期150天，晚熟。株高300.0cm，穗位高150.0cm，穗长20.1cm，穗粗4.7cm，穗轴白色，穗行数13.6行，行粒数42.0粒，粒深11.0mm，百粒重32.4g，籽皮白色，粉质细腻。硬粒型，该玉米耐旱、耐瘠薄，抗逆性强，加工成玉米粉食用。当地农民认为该品种食用品质优。

【优异特性与利用价值】食用品质优，耐贫瘠，抗逆性强，饲粮两用。

【濒危状况及保护措施建议】在浙江省及周边省市均可种植。现主要由当地丘陵山区少数老农种植，每年自发留种保存，种植面积较小，建议异位妥善保存的同时，加强种质鉴定和育种利用。

第二节　半马齿型玉米

1 淳安白玉米

【学　名】Gramineae（禾本科）Zea（玉蜀黍属）Zea mays（玉米）。
【采集地】浙江省杭州市淳安县。

【主要特征特性】普通玉米，地方品种，粮用或饲用型，6月中旬播种，10月中下旬收获，全生育期122天，晚熟。叶片平展，株高230.5cm，穗位高122.4cm，穗长14.5cm，穗粗4.3cm，穗轴白色，穗行数14.0行，行粒数27.3粒，粒深9.2mm，百粒重31.3g，籽皮白色，半马齿型。当地农民认为该品种有一定的糯性，耐旱性好。

【优异特性与利用价值】耐旱、耐热、耐贫瘠，饲粮两用。

【濒危状况及保护措施建议】浙江省杭州市淳安县及周边地区均可种植。现主要由当地丘陵区少数老农种植，每年自发留种保存，种植面积较小，建议异位妥善保存的同时，加强种质鉴定和育种利用。

2 大粒长

【学　名】Gramineae（禾本科）*Zea*（玉蜀黍属）*Zea mays*（玉米）。
【采集地】浙江省金华市武义县。

【主要特征特性】普通玉米，地方品种，粮用或饲用型，6月上旬播种，10月上旬收获，全生育期123天，晚熟。株高230.0cm，穗位高115.0cm，穗长25.4cm，穗粗4.5cm，穗轴白色，穗行数14.4行，行粒数46.2粒，粒深12.0mm，百粒重33.5g，籽皮黄色，半马齿型。植株高大，叶片平展，食用品质优，抗逆性好。茎秆粗壮，茎基部紫绿色，叶片开展型、耐旱、耐热、耐贫瘠，适宜磨粉，可作饲料。当地农民认为该品种植株高大粗壮，抗逆性好，饲粮两用。

【优异特性与利用价值】耐热、耐旱、耐贫瘠，饲粮两用。

【濒危状况及保护措施建议】浙江省及周边省市均可种植。现主要由当地丘陵区少数老农种植，每年自发留种保存，种植面积较小，建议异位妥善保存的同时，加强种质鉴定和育种利用。

3 富阳黄玉米

【学　名】Gramineae（禾本科）Zea（玉蜀黍属）Zea mays（玉米）。

【采集地】浙江省杭州市富阳区。

【主要特征特性】普通玉米，地方品种，俗称山玉米、黄六谷、土六谷，因山区农户通常在播种前砍除山坡杂草并焚烧后再播种，又称火山玉米。全生育期120天，晚熟。株高252.0cm，穗长18.0cm，穗粗4.4cm，穗轴白色，穗行数10.8行，行粒数30.6粒，粒深7.8mm，百粒重37.8g。穗位高127.0cm，籽粒黄色，半马齿型。该玉米耐旱、耐瘠薄、抗逆性强。该地方种在芒种后点播，除部分采摘嫩玉米鲜食外，大部分于霜降前后采摘老玉米，或加工玉米粉，或饲用。当地农民认为该品种具有耐旱、耐瘠薄、抗逆等特性。

【优异特性与利用价值】耐旱，抗逆，优质，饲粮两用。

【濒危状况及保护措施建议】浙江省及周边省市均可种植。现主要由当地少数老农种植，每年自发留种保存，种植面积较小，建议异位妥善保存的同时，加强种质鉴定和育种利用。

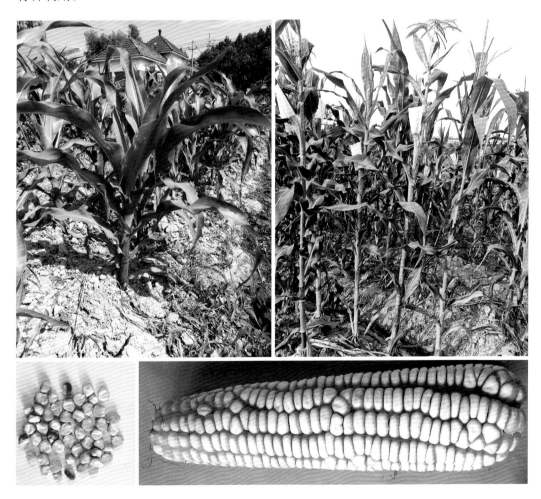

4 庆元玉米

【学　名】Gramineae（禾本科）*Zea*（玉蜀黍属）*Zea mays*（玉米）。
【采集地】浙江省丽水市庆元县。

【主要特征特性】普通玉米，地方品种，鲜食粉用品种，3～5月播种，6～8月收获，全生育期120天，晚熟。株高250.0cm，穗位高110.0cm，穗长13.0～16.0cm，穗粗4.3cm，穗轴白色，穗行数10.2行，行粒数28.0粒，粒深8.8mm，百粒重26.9g，籽皮白色，半马齿型，糯型。该玉米品种耐瘠薄。当地农民认为该品种鲜食食用品质优。

【优异特性与利用价值】耐贫瘠，鲜食及粮用品种。

【濒危状况及保护措施建议】浙江省及周边省市均可种植。现主要由当地丘陵区少数老农种植，每年自发留种保存，种植面积较小，建议异位妥善保存的同时，加强种质鉴定和育种利用。

5 磐安白子 【学 名】Gramineae（禾本科）Zea（玉蜀黍属）Zea mays（玉米）。

【采集地】浙江省金华市磐安县。

【主要特征特性】普通玉米，地方品种，粮用或饲用型，株型高大，叶片平展，全生育期115～125天，比主栽品种生育期短5天，晚熟。株高260.0cm，穗位高130.0cm，叶片16～17张，茎秆基部多红色，须红色，果穗筒型，穗长18.4cm，穗粗4.8cm，穗轴白色，穗行数16.0～18.0行，行粒数34.0粒，粒深10.5mm，穗轴白色，籽粒白色，半马齿型，百粒重30.5g。对生态环境要求不严，磐安县各地的温光资源都能满足种植要求，但性喜温暖，在地势平坦、阳光充足、土壤肥沃地区种植产量高。病虫害抗性强，一般不用打药。耐贫瘠、耐旱，抗逆性强。磨粉加工成饼，具糯性、细腻、带甜香味。亩产400～450kg。抗性强，食用品质好。当地农民认为该品种优质、耐旱。

【优异特性与利用价值】优质，饲粮两用。

【濒危状况及保护措施建议】浙江省及周边省市均可种植。现主要由当地丘陵区少数老农种植，每年自发留种保存，种植面积较小，建议异位妥善保存的同时，加强种质鉴定和育种利用。

6 衢州玉米

【学　名】Gramineae（禾本科）*Zea*（玉蜀黍属）*Zea mays*（玉米）。
【采集地】浙江省衢州市衢江区。

【主要特征特性】普通玉米，地方品种，粉用品种，4月上旬播种，8月中旬收获，全生育期125天，晚熟。株高200.0cm，穗位高105.0cm，穗长17.0～21.0cm，穗粗4.8cm，穗轴白色，穗行数10.2行，行粒数38.0粒，粒深9.4mm，百粒重28.9g，籽皮黄色，半马齿型。该玉米品种耐瘠薄。当地农民认为该品种鲜食食用品质优。

【优异特性与利用价值】耐旱、耐贫瘠，食用品质优。

【濒危状况及保护措施建议】浙江省及周边省市均可种植。现主要由当地丘陵区少数老农种植，每年自发留种保存，种植面积较小，建议异位妥善保存的同时，加强种质鉴定和育种利用。

7 新昌120天玉米
【学　名】Gramineae（禾本科）Zea（玉蜀黍属）Zea mays（玉米）
【采集地】浙江省绍兴市新昌县。

【主要特征特性】普通玉米，地方品种，粮用或饲用型，叶片平展，5月下旬播种，10月上旬收获，全生育期123天，晚熟。株高270.0cm，穗位高120.0cm，穗长19.5cm，穗粗4.4cm，穗轴白色，穗行数14.4行，行粒数44.2粒，粒深9.5mm，百粒重32.3g，籽皮白色，半马齿型。当地农民认为该品种植株较高，生育期长，粉质佳，食用品质优，抗逆性好，是新昌县20世纪50～70年代农户的主粮之一。

【优异特性与利用价值】抗逆，食用品质优，粉用或饲用。

【濒危状况及保护措施建议】浙江省绍兴市新昌县及周边地区均可种植。现主要由当地丘陵区少数老农种植，每年自发留种保存，种植面积较小，建议异位妥善保存的同时，加强种质鉴定和育种利用。

第 六 章

浙江省高粱种质资源

第一节 甜 高 粱

1 嘉善高粱

【学　名】Gramineae（禾本科）Sorghum（高粱属）Sorghum bicolor（高粱）。
【采集地】浙江省嘉兴市嘉善县。

【主要特征特性】地方高粱品种。全生育期125天。株高286.8cm，穗柄伸出长度35.8cm，芽鞘绿色，茎粗2.2cm。幼苗叶绿色，主脉白色。黄色柱头，柱头花青苷显色强度中，新鲜花药浅黄色，干花药橘色，颖壳质地纸质，外颖芒长度长，主穗长33.6cm，穗型中散，穗形牛心形，颖壳包被程度1/2，颖壳（成熟期）红色，籽粒黄色，籽粒圆形，千粒重13.6g，胚乳糯性白色。当地农民认为该品种茎秆较甜，可食用。

【优异特性与利用价值】甜高粱，鲜茎秆可食用。

【濒危状况及保护措施建议】少数农户零星种植，已很难收集到。建议异位妥善保存的同时，结合发展地方特色生态旅游，扩大种植面积。

2 煎糖粟
【学　名】Gramineae（禾本科）*Sorghum*（高粱属）*Sorghum bicolor*（高粱）。
【采集地】浙江省丽水市松阳县。

【主要特征特性】地方高粱品种。全生育期157天。株高350.0cm，穗柄伸出长度32.8cm，芽鞘绿色，茎粗3.1cm。幼苗叶绿色，主脉白色。黄色柱头，柱头花青苷显色强度中，新鲜花药浅黄色，干花药橘色，颖壳质地纸质，外颖芒长度短，主穗长34.0cm，穗型侧散，穗形伞形，颖壳包被程度3/4，颖壳（成熟期）红色，籽粒白色，籽粒椭圆形，千粒重19.5g，胚乳糯性白色。当地农民认为新鲜茎秆食用口感甜爽。

【优异特性与利用价值】可食用或作加工原料。

【濒危状况及保护措施建议】少数农户零星种植，已很难收集到。建议异位妥善保存的同时，结合发展地方特色生态旅游，扩大种植面积。

3 甜粟

【学　名】Gramineae（禾本科）Sorghum（高粱属）Sorghum bicolor（高粱）。
【采集地】浙江省宁波市慈溪市。

【主要特征特性】地方高粱品种。全生育期125天。株高280.0cm，穗柄伸出长度42.0cm，芽鞘绿色，茎粗1.6cm。幼苗叶绿色，主脉白色。黄色柱头，柱头花青苷显色强度中，新鲜花药浅黄色，干花药橘色，颖壳质地纸质，外颖芒长度长，主穗长55.6cm，穗型周散，穗形伞形，颖壳包被程度全包被，颖壳（成熟期）黑色，籽粒浅黄，籽粒椭圆形，千粒重12.5g，胚乳糯性白色。当地农民认为该品种的茎口感甜。

【优异特性与利用价值】甜高粱，茎秆含糖量高，食用口感甜。

【濒危状况及保护措施建议】少数农户零星种植，已很难收集到。建议异位妥善保存的同时，结合发展地方特色生态旅游，扩大种植面积。

4 桐乡高粱-1

【学　名】Gramineae（禾本科）Sorghum（高粱属）Sorghum bicolor（高粱）。
【采集地】浙江省嘉兴市桐乡市。

【主要特征特性】地方高粱品种。全生育期125天。株高242.5cm，穗柄伸出长度44.4cm，芽鞘绿色，茎粗1.6cm。幼苗叶绿色，主脉白色。黄色柱头，柱头花青苷显色强度中，新鲜花药浅黄色，干花药橘色，颖壳质地纸质，外颖芒长度长，主穗长39.8cm，穗型周散，穗形伞形，颖壳包被程度1/2，颖壳（成熟期）黑色，籽粒浅黄，籽粒卵形，千粒重22.3g，胚乳糯性白色。当地农民作为甜高粱食用。

【优异特性与利用价值】茎叶无早衰，甜高粱，食用。

【濒危状况及保护措施建议】少数农户零星种植，已很难收集到。建议异位妥善保存的同时，结合发展地方特色生态旅游，扩大种植面积。

5 武义芦稷

【学 名】 Gramineae（禾本科）*Sorghum*（高粱属）*Sorghum bicolor*（高粱）。
【采集地】 浙江省金华市武义县。

【主要特征特性】 地方高粱品种。全生育期125天。株高303.4cm，穗柄伸出长度37.4cm，芽鞘紫色，茎粗1.7cm，幼苗叶绿色，主脉白色，黄色柱头，柱头花青苷显色强度中，新鲜花药浅黄色，干花药橘色，颖壳质地纸质，外颖芒长度短，主穗长58.4cm，穗型中散，穗形牛心形，颖壳包被程度3/4，颖壳（成熟期）黑色，籽粒红色，籽粒椭圆形，千粒重13.4g，胚乳糯性白色。当地农民认为该品种新鲜茎秆甜度高，可食用。

【优异特性与利用价值】 种粒肥大，新鲜茎秆口感甜，用于酿酒，可作饲料。

【濒危状况及保护措施建议】 少数农户零星种植，已很难收集到。建议异位妥善保存的同时，结合发展地方特色生态旅游，扩大种植面积。

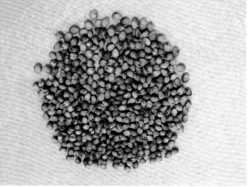

第二节　糯　高　粱

1 大门本地高粱
【学　名】Gramineae（禾本科）Sorghum（高粱属）Sorghum bicolor（高粱）。
【采集地】浙江省温州市洞头区。

【主要特征特性】地方高粱品种。全生育期105天。株高199.4cm，穗柄伸出长度38.0cm，芽鞘绿色，茎粗1.4cm。幼苗叶绿色，主脉白色。黄色柱头，柱头花青苷显色强度中，新鲜花药浅黄色，干花药橘色，颖壳质地纸质，外颖芒长度长，主穗长56.2cm，穗型侧散，穗形帚形，颖壳包被程度0（籽粒裸露），颖壳（成熟期）灰色，籽粒红色，籽粒圆形，千粒重22.2g，胚乳糯性白色。

【优异特性与利用价值】株型较高，达2.0m，籽粒红色，有观赏价值。一年可两季采收，第二季可采收至10月上旬。

【濒危状况及保护措施建议】少数农户零星种植，已很难收集到。建议异位妥善保存的同时，结合发展地方特色生态旅游，扩大种植面积。

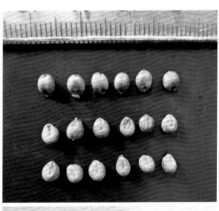

2 干窑高粱

【学　名】Grameineae（禾本科）*Sorghum*（高粱属）*Sorghum bicolor*（高粱）。
【采集地】浙江省嘉兴市嘉善县。

【主要特征特性】地方高粱品种。全生育期125天。株高258.6cm，穗柄伸出长度45.0cm，芽鞘绿色，茎粗1.1cm。幼苗叶绿色，主脉白色。黄色柱头，柱头花青苷显色强度中，新鲜花药浅黄色，干花药橘色，颖壳质地纸质，外颖芒长度长，主穗长57.8cm，穗型周散，穗形伞形，颖壳包被程度3/4，颖壳（成熟期）褐色，籽粒浅黄，籽粒椭圆形，千粒重17.1g，胚乳糯性白色。当地农民认为该品种糯性好。

【优异特性与利用价值】籽粒偏大，糯性好，饲料用。

【濒危状况及保护措施建议】少数农户零星种植，已很难收集到。建议异位妥善保存的同时，结合发展地方特色生态旅游，扩大种植面积。

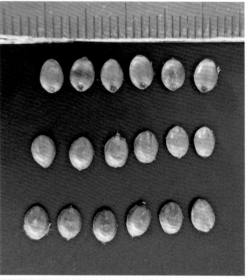

3 高粱黍

【学　名】Gramineae（禾本科）Sorghum（高粱属）Sorghum bicolor（高粱）。

【采集地】浙江省丽水市松阳县。

【主要特征特性】地方高粱品种。全生育期105天。株高213.6cm，穗柄伸出长度42.8cm，芽鞘绿色，茎粗1.5cm。幼苗叶绿色，主脉白色。黄色柱头，柱头花青苷显色强度中，新鲜花药浅黄色，干花药橘色，颖壳质地纸质，外颖芒长度长，主穗长47.8cm，穗型侧散，穗形帚形，颖壳包被程度1/4，颖壳（成熟期）褐色，籽粒浅黄，籽粒椭圆形，千粒重23.7g，胚乳糯性白色。

【优异特性与利用价值】可食用或作加工原料。

【濒危状况及保护措施建议】少数农户零星种植，已很难收集到。建议异位妥善保存的同时，结合发展地方特色生态旅游，扩大种植面积。

4 黄岩高粱

【学　名】Gramineae（禾本科）*Sorghum*（高粱属）*Sorghum bicolor*（高粱）。
【采集地】浙江省台州市黄岩区。

【主要特征特性】地方高粱品种。全生育期155天。株高283.6cm，穗柄伸出长度38.6cm，芽鞘紫色，幼苗叶绿色，主脉白色，茎粗1.5cm。黄色柱头，柱头花青苷显色强度中，新鲜花药浅黄色，干花药橘色，颖壳开花期黄色，颖壳质地纸质，外颖芒长度短，主穗长51.2cm，穗型周散，穗形伞形，颖壳包被程度1/2，颖壳（成熟期）黄色，籽粒浅黄，籽粒卵形，千粒重28.0g，胚乳糯性白色。当地农民认为该品种食用糯性好，口味佳。

【优异特性与利用价值】晚熟，籽粒偏大，糯性，酿酒及食用。

【濒危状况及保护措施建议】少数农户零星种植，已很难收集到。建议异位妥善保存的同时，结合发展地方特色生态旅游，扩大种植面积。

5 景宁高粱

【学　名】Graminea（禾本科）*Sorghum*（高粱属）*Sorghum bicolor*（高粱）。
【采集地】浙江省丽水市景宁畲族自治县。

【主要特征特性】地方高粱品种。全生育期125天。株高207.6cm，穗柄伸出长度40.4cm，芽鞘绿色，茎粗1.6cm。幼苗叶绿色，主脉白色。黄色柱头，柱头花青苷显色强度中，新鲜花药浅黄色，干花药橘色，颖壳质地纸质，外颖芒长度长，主穗长48.0cm，穗型中散，穗形杯形，颖壳包被程度3/4，颖壳（成熟期）灰色，籽粒红色，籽粒椭圆形，千粒重16.2g，胚乳糯性白色。当地农民认为该品种可在市场出售。
【优异特性与利用价值】茎叶无早衰，高粱籽粒可食用。
【濒危状况及保护措施建议】少数农户零星种植，已很难收集到。建议异位妥善保存的同时，结合发展地方特色生态旅游，扩大种植面积。

6 开眼芦稷

【学 名】Gramineae（禾本科）*Sorghum*（高粱属）*Sorghum bicolor*（高粱）。
【采集地】浙江省金华市浦江县。

【主要特征特性】地方高粱品种。全生育期105天。株高215.0cm，穗柄伸出长度38.6cm，芽鞘绿色，茎粗1.6cm。幼苗叶绿色，主脉白色。黄色柱头，柱头花青苷显色强度中，新鲜花药浅黄色，干花药橘色，颖壳质地纸质，外颖芒长度长，主穗长52.2cm，穗型侧散，穗形帚形，颖壳包被程度1/4，颖壳（成熟期）黑色，籽粒红色，籽粒卵形，千粒重21.2g，胚乳糯性白色。

【优异特性与利用价值】优质低产，可食用或作加工原料。

【濒危状况及保护措施建议】少数农户零星种植，已很难收集到。建议异位妥善保存的同时，结合发展地方特色生态旅游，扩大种植面积。

7 兰溪本地高粱

【学 名】Grameneae（禾本科）*Sorghum*（高粱属）*Sorghum bicolor*（L.）Moench（高粱）。

【采集地】浙江省金华市兰溪市。

【主要特征特性】地方高粱品种。全生育期115天。株高223.2cm，穗柄伸出长度38.0cm，芽鞘绿色，茎粗1.7cm。幼苗叶绿色，主脉白色。黄色柱头，柱头花青苷显色强度中，新鲜花药浅黄色，干花药橘色，颖壳质地纸质，外颖芒长度长，主穗长51.6cm，穗型侧散，穗形帚形，颖壳包被程度1/4，颖壳（成熟期）红色，籽粒红色，籽粒椭圆形，千粒重23.5g，胚乳糯性白色。当地农民认为该品种偏糯性。

【优异特性与利用价值】优质，耐旱、耐热、耐贫瘠。

【濒危状况及保护措施建议】少数农户零星种植，已很难收集到。建议异位妥善保存的同时，结合发展地方特色生态旅游，扩大种植面积。

8 临安高粱

【学　名】Grammeae（禾本科）*Sorghum*（高粱属）*Sorghum bicolor*（高粱）。

【采集地】浙江省杭州市临安区。

【主要特征特性】地方高粱品种。全生育期105天。株高162.7cm，穗柄伸出长度38.6cm，芽鞘绿色，茎粗1.5cm。幼苗叶绿色，主脉白色。黄色柱头，柱头花青苷显色强度中，新鲜花药浅黄色，干花药橘色，颖壳质地纸质，外颖芒长度短，主穗长34.2cm，穗型侧散，穗形帚形，颖壳包被程度1/4，颖壳（成熟期）褐色，籽粒褐色，籽粒卵形，千粒重17.1g，胚乳糯性白色。当地农民认为该品种酿酒口味佳。

【优异特性与利用价值】种粒糯性，酿酒口味好，可做点心。

【濒危状况及保护措施建议】少数农户零星种植，已很难收集到。建议异位妥善保存的同时，结合发展地方特色生态旅游，扩大种植面积。

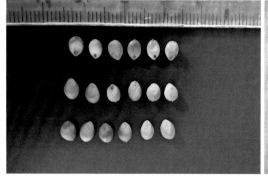

9 庆元高粱

【学　名】Gramineae（禾本科）Sorghum（高粱属）Sorghum bicolor（高粱）。

【采集地】浙江省丽水市庆元县。

【主要特征特性】地方高粱品种。全生育期125天。株高247.0cm，穗柄伸出长度32.6cm，芽鞘绿色，茎粗1.8cm。幼苗叶绿色，主脉白色。黄色柱头，柱头花青苷显色强度中，新鲜花药浅黄色，干花药橘色，颖壳质地纸质，外颖芒长度长，主穗长57.8cm，穗型周散，穗形伞形，颖壳包被程度3/4，颖壳（成熟期）红色，籽粒红色，籽粒椭圆形，千粒重21.3g，胚乳糯性白色。当地农民认为该品种食用口味佳。

【优异特性与利用价值】糯性，可食用，酿酒。

【濒危状况及保护措施建议】少数农户零星种植，已很难收集到。建议异位妥善保存的同时，结合发展地方特色生态旅游，扩大种植面积。

10 衢州高粱-1

【学　名】Gramineae（禾本科）Sorghum（高粱属）Sorghum bicolor（高粱）。

【采集地】浙江省衢州市开化县。

【主要特征特性】地方高粱品种。全生育期115天。株高290.0cm，穗柄伸出长度36.6cm，芽鞘绿色，茎粗1.9cm。幼苗叶绿色，主脉白色。黄色柱头，柱头花青苷显色强度中，新鲜花药浅黄色，干花药橘色，颖壳质地纸质，外颖芒长度长，主穗长55.8cm，穗型中紧，穗形圆筒形，颖壳包被程度1/2，颖壳（成熟期）黑色，籽粒红色，籽粒卵形，千粒重21.0g，胚乳糯性白色。当地农民认为该品种品质好。

【优异特性与利用价值】优质，耐旱、耐寒、耐热、耐涝、耐贫瘠，种质可食用，或作加工原料。

【濒危状况及保护措施建议】少数农户零星种植，已很难收集到。建议异位妥善保存的同时，结合发展地方特色生态旅游，扩大种植面积。

11 衢州高粱-2

【学 名】Gramineae（禾本科）*Sorghum*（高粱属）*Sorghum bicolor*（高粱）。
【采集地】浙江省衢州市开化县。

【主要特征特性】地方高粱品种。全生育期135天。株高309.8cm，穗柄伸出长度38.6cm，芽鞘绿色，茎粗1.7cm。幼苗叶绿色，主脉白色。黄色柱头，柱头花青苷显色强度中，新鲜花药浅黄色，干花药橘色，颖壳质地纸质，外颖芒长度短，主穗长95.8cm，穗型侧散，穗形帚形，颖壳包被程度1/4，颖壳（成熟期）黑色，籽粒红色，籽粒椭圆形，千粒重22.9g，胚乳糯性白色。当地农民认为该品种品质好。

【优异特性与利用价值】优质，耐旱、耐寒、耐热、耐涝、耐贫瘠，种质可食用，或作加工原料。

【濒危状况及保护措施建议】少数农户零星种植，已很难收集到。建议异位妥善保存的同时，结合发展地方特色生态旅游，扩大种植面积。

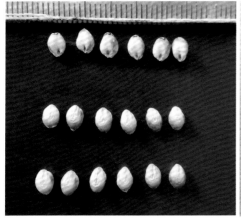

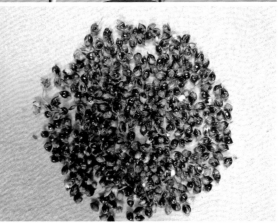

12 桐乡高粱-2

【学　名】Gramineae（禾本科）Sorghum（高粱属）Sorghum bicolor（高粱）。
【采集地】浙江省嘉兴市桐乡市。

【主要特征特性】地方高粱品种。全生育期125天。株高165.2cm，穗柄伸出长度36.8cm，芽鞘绿色，茎粗1.4cm。幼苗叶绿色，主脉白色。黄色柱头，柱头花青苷显色强度中，新鲜花药浅黄色，干花药橘色，颖壳质地纸质，外颖芒长度长，主穗长42.9cm，穗型周散，穗形伞形，颖壳包被程度全包被，颖壳（成熟期）褐色，籽粒褐色，籽粒椭圆形，千粒重17.7g，胚乳糯性白色。当地农民大多做扫帚用。

【优异特性与利用价值】茎叶无早衰，耐旱，多帚用。

【濒危状况及保护措施建议】少数农户零星种植，已很难收集到。建议异位妥善保存的同时，结合发展地方特色生态旅游，扩大种植面积。

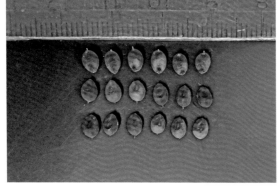

13 桐乡高粱-3

【学　名】Gramineae（禾本科）*Sorghum*（高粱属）*Sorghum bicolor*（高粱）。

【采集地】浙江省嘉兴市桐乡市。

【主要特征特性】地方高粱品种。全生育期125天。株高189.6cm，穗柄伸出长度37.2cm，芽鞘绿色，茎粗1.2cm。幼苗叶绿色，主脉白色。黄色柱头，柱头花青苷显色强度中，新鲜花药浅黄色，干花药橘色，颖壳质地纸质，外颖芒长度长，主穗长53.4cm，穗型周散，穗形伞形，颖壳包被程度1/2，颖壳（成熟期）褐色，籽粒褐色，籽粒椭圆形，千粒重17.8g，胚乳糯性白色。当地农民用于扎扫帚及做高粱烧酒。

【优异特性与利用价值】茎叶轻度早衰，秸秆扎扫帚，种子做高粱烧酒。

【濒危状况及保护措施建议】少数农户零星种植，已很难收集到。建议异位妥善保存的同时，结合发展地方特色生态旅游，扩大种植面积。

第 七 章

浙江省谷子种质资源

1 矮黄粟

【学　名】Grameae（禾本科）Setaria（狗尾草属）Setaria italica（粟）。
【采集地】浙江省台州市三门县。

【主要特征特性】全生育期99天，茎秆直立，绿色，分蘖弱，幼苗叶鞘绿色，叶片黄绿色，抽穗期茎、叶鞘、叶片均绿色，成熟期转黄。株高155.6cm，主茎长136.0cm，主茎节数13.4个，主茎粗8.37mm，穗下节间长38.8cm，单株草重18.7g。穗状圆锥花序，基部有间断，主轴密生柔毛，长，淡绿色，护颖绿色，小穗椭圆形。成熟穗棒形或纺锤形，穗松紧度为紧，穗码密度每厘米6.8个，穗颈勾形，籽粒黄白色，米色黄白，主穗长19.6cm、宽2.0cm，单株穗重14.18g，千粒重2.02g，单株籽粒重11.59g。成熟后稃壳呈黄色、糯性好。当地农民认为该品种优质、耐旱、耐贫瘠。

【优异特性与利用价值】幼苗叶鞘绿色，籽粒黄白色，米黄白色，单株产量较高。可用于制作粥、小米糕和酿酒等，茎叶、谷糠是优质饲料，也可作育种材料。

【濒危状况及保护措施建议】在当地分布较广，建议异地保存种子。

2 淳安红粟

【学　名】Grameneae（禾本科）*Setaria*（狗尾草属）*Setaria italica*（粟）。

【采集地】浙江省杭州市淳安县。

【主要特征特性】全生育期107天，茎秆直立，绿色，分蘖弱，幼苗叶鞘绿色，叶片黄绿色，抽穗期茎、叶鞘、叶片均绿色，成熟期转黄。株高173.6cm，主茎长154.0cm，主茎节数13.8个，主茎粗6.45mm，穗下节间长33.8mm，单株草重26.0g。穗状圆锥花序，基部有间断，主轴密生柔毛，长，紫色，小穗椭圆形。成熟穗纺锤形，穗松紧度为中疏，穗码密度中疏，穗颈勾形，籽粒橙红，米色黄，主穗长30.7cm、宽2.1cm，单株穗重21.73g，千粒重2.44g，单株籽粒重19.44g。

【优异特性与利用价值】谷穗纺锤形，籽粒橙红，米色黄。主要用于包粽子和制作小米粥。

【濒危状况及保护措施建议】在当地分布较广，建议异地保存种子。

3 淳安黄粟

【学　名】Gramineae（禾本科）Setaria（狗尾草属）Setaria italica（粟）。
【采集地】浙江省杭州市淳安县。

【主要特征特性】全生育期100天，茎秆直立，绿色，分蘖弱，幼苗叶鞘紫色，叶片黄绿色，抽穗期茎、叶鞘、叶片均绿色，成熟期转紫。株高112.0cm，主茎长95.4cm，主茎节数11.8个，主茎粗7.49mm，穗下节间长29.0cm，单株草重9.3g。穗状圆锥花序，基部有间断，主轴密生柔毛，短，紫色，护颖黄绿色，小穗椭圆形。成熟穗鸡嘴形，松，穗码密度每厘米7.4个，穗颈勾状，籽粒橙黄，米色黄。主穗长18.9cm、宽1.8cm，单株穗重7.81g，种子长1.75mm、宽1.28mm，千粒重1.65g，单株籽粒重6.19g。

【优异特性与利用价值】籽粒橙黄色，米色黄，幼苗叶鞘紫色。制作小米粥、小米发糕、小米锅巴等。

【濒危状况及保护措施建议】在当地零星种植，建议异地保存种子，并扩大种植面积。

4 东阳红粟
【学　名】Gramineae（禾本科）Setaria（狗尾草属）Setaria italica（粟）。
【采集地】浙江省金华市东阳市。

【主要特征特性】全生育期100天，茎秆直立、绿色，分蘖弱，幼苗叶鞘紫色，叶片绿色，抽穗期茎、叶鞘、新长成叶片均绿色，灌浆以后，下部叶片和叶鞘转为紫色，成熟期植株叶片和茎秆均为紫色。株高136.0cm，主茎长117.0cm，主茎节数14.2个，主茎粗7.94mm，穗下节间长30.0cm，单株草重12.0g。穗状圆锥花序，基部有间断，主轴密生柔毛，长，紫色，护颖浅绿色，小穗椭圆形。成熟穗圆筒形，紧，穗码密度每厘米9.3个，穗颈勾形，籽粒橙，米色黄。主穗长18.5cm、宽1.9cm，单株穗重9.94g，种子长2.10mm、宽1.41mm，千粒重2.22g，单株籽粒重8.04g。当地农民认为该品种优质、耐热、耐贫瘠，株高180cm，生长势强，暗红色籽粒，糯性，味道佳，用于制作传统食品冻米糖，以及文化用途，红色谷穗吉祥喜庆，是新房上梁所必需的。

【优异特性与利用价值】谷穗红色，叶片秋季变紫，幼苗叶鞘紫色，该品种开花后植株下部叶鞘和叶片紫色，灌浆后期整株紫色，可用于休闲观光农业，也可加工成粟米糖、小米粥、粟米饼或酿酒等，红谷穗用于新房上梁。

【濒危状况及保护措施建议】目前近于濒危，建议异地保存种子，并扩大种植面积。

5 红壳粟

【学 名】Gramineae（禾本科）Setaria（狗尾草属）Setaria italica（粟）。

【采集地】浙江省台州市天台县。

【主要特征特性】全生育期100天，茎秆直立，绿色，分蘖弱，幼苗叶鞘紫色或者绿色，叶片紫色，抽穗期茎、叶鞘、叶片均绿色，成熟期植株叶片转为紫色。株高160.0cm，主茎长140.0cm，主茎节数14.4个，主茎粗7.22mm，穗下节间长34.9cm，单株草重16.1g。穗状圆锥花序，基部有间断，主轴密生柔毛，中长。小穗椭圆形。成熟穗圆筒形，穗颈勾状，穗紧，穗码密度每厘米7.6个，主穗长18.5cm、宽1.8cm，单株穗重10.45g，籽粒橙红色，米色黄，种子长2.16mm、宽1.43mm，千粒重2.31g，单株籽粒重8.29g。当地农民认为该品种耐贫瘠，优质。

【优异特性与利用价值】籽粒橙红色，叶片秋季变紫，可用于酿酒，制作小米粥、粟米饼等，也可作育种材料。

【濒危状况及保护措施建议】在当地少量种植，建议异地保存种子，并扩大种植面积。

6 黄壳粟

【学　名】Gramineae（禾本科）Setaria（狗尾草属）Setaria italica（粟）。

【采集地】浙江省台州市天台县。

【主要特征特性】全生育期111天，茎秆直立，绿色，分蘖弱，幼苗叶鞘绿色，叶片绿色，抽穗期茎、叶鞘、叶片均绿色。株高175.6cm，主茎长156.0cm，主茎节数13.8个，主茎粗6.26mm，穗下节间长35.6cm，单株草重18.0g。穗状圆锥花序，基部有间断，主轴密生柔毛，长，绿色，护颖绿色，小穗椭圆形。成熟穗纺锤形，穗松紧度为中，穗码密度中疏，穗颈勾形，籽粒黄色，米色浅黄，主穗长25.1cm、宽2.3cm，单株穗重22.72g，千粒重2.29g，单株籽粒重19.38g。当地农民认为该品种耐贫瘠、优质、落黄好、糯性好。

【优异特性与利用价值】落黄好，籽粒黄色，米色浅黄，可用于酿酒，制作小米粥、粟米饼等，也可作育种材料。

【濒危状况及保护措施建议】在当地少量种植，建议异地保存种子，并扩大种植面积。

7 建德谷子

【学 名】Gramineae（禾本科）Setaria（狗尾草属）Setaria italica（粟）。

【采集地】浙江省杭州市建德市。

【主要特征特性】全生育期100天，茎秆直立，绿色，分蘖弱，幼苗叶鞘绿色，叶片绿色，抽穗期茎、叶鞘、叶片均绿色，成熟期转黄色，株高96.0cm，主茎长86.0cm，主茎节数13.4个，主茎粗6.29mm，穗下节间长30.5cm，单株草重7.3g。穗状圆锥花序，基部有间断，主轴密生柔毛，长，黄绿色，护颖绿色，小穗椭圆形。成熟穗棒形，中紧，穗码密度每厘米8.4个，穗颈勾形，籽粒黄白色，米黄白色。主穗长11.6cm、宽1.6cm，单株穗重5.00g，种子长2.02mm、宽1.37mm，千粒重2.06g，单株籽粒重3.88g。当地农民认为该品种耐贫瘠，幼苗蛀心虫严重，高秆，抗倒伏，黄壳白粒，糯性，可用于酿酒。

【优异特性与利用价值】籽粒黄白色，可用于酿酒、制作小米粥、粟米饼等。

【濒危状况及保护措施建议】在当地少量种植，建议异地保存种子，并扩大种植面积。

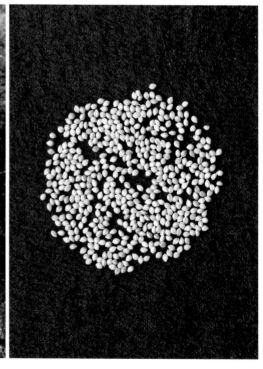

8 景宁小米　【学　名】Gramineae（禾本科）*Setaria*（狗尾草属）*Setaria italica*（粟）。
【采集地】浙江省丽水市景宁畲族自治县。

【主要特征特性】全生育期89天，茎秆直立，绿色，分蘖弱，幼苗叶鞘绿色，叶片绿色，抽穗期茎、叶鞘、叶片均绿色，成熟期转黄色。株高137.0cm，主茎长117.0cm，主茎节数14.8个，主茎粗6.95mm，穗下节间长30.9cm，单株草重15.1g。穗状圆锥花序，基部有间断，主轴密生柔毛，长，紫色，护颖浅绿色，小穗椭圆形。成熟穗圆筒或棒形，中紧，穗码密度每厘米7.6个，穗颈勾形，籽粒黄色，米色黄。主穗长20.0cm、宽1.9cm，单株穗重12.72g，种子长2.10mm、宽1.41mm，千粒重2.22g，单株籽粒重9.45g。当地农民认为该品种产量较高，亩产200kg，最高300kg。

【优异特性与利用价值】籽粒黄色，米色黄，单株产量较高。可用于酿酒，制作小米粥、粟米饼等，也可作育种材料。

【濒危状况及保护措施建议】在当地少量种植，建议异地保存种子，并扩大种植面积。

9 龙泉黄粟

【学 名】Gramineae（禾本科）Setaria（狗尾草属）Setaria italica（粟）。
【采集地】浙江省丽水市龙泉市。

【主要特征特性】全生育期102天，茎秆直立，绿色，分蘖弱，幼苗叶鞘绿色，叶片绿色，抽穗期茎、叶鞘、叶片均绿色，成熟期转黄色。株高139.0cm，主茎长116.0cm，主茎节数13.8个，主茎粗6.00mm，穗下节间长31.0cm，单株草重8.6g。穗状圆锥花序，基部有间断，主轴密生柔毛，长，浅绿色，护颖浅绿色，小穗椭圆形。成熟穗纺锤形，半松，穗码密度每厘米7.1个，穗颈勾状，籽粒褐色，米浅黄色。主穗长22.3cm、宽1.4cm，单株穗重4.69g，种子长1.82mm、宽1.21mm，千粒重1.45g，单株籽粒重3.47g。当地农民认为该品种优质。

【优异特性与利用价值】籽粒褐色，米色浅黄。可用于酿酒，制作小米粥、粟米饼等，也可作育种材料。

【濒危状况及保护措施建议】在当地少量种植，建议异地保存种子，并扩大种植面积。

10 宁海小米

【学 名】Grammeae（禾本科）Setaria（狗尾草属）Setaria italica（粟）。
【采集地】浙江省宁波市宁海县。

【主要特征特性】全生育期99天，茎秆直立，绿色，分蘖弱，幼苗叶鞘绿色，叶片绿色，抽穗期茎、叶鞘、叶片均绿色，成熟期转黄色。株高129.0cm，主茎长111.0cm，主茎节数14.0个，主茎粗8.22mm，穗下节间长35.6cm，单株草重16.4g。穗状圆锥花序，基部有间断，主轴密生柔毛，很长（混有短刺毛），黄绿色，护颖浅绿色，小穗椭圆形。成熟穗棒形，半松，穗码密度每厘米6.3个，穗颈勾状，籽粒黄色，米浅黄色。主穗长19.8cm、宽2.2cm，单株穗重13.29g，种子长2.12mm、宽1.48mm，种子近圆形，千粒重2.38g，单株籽粒重11.3g。当地农民认为该品种耐贫瘠、耐旱，可食用、饲用。

【优异特性与利用价值】耐贫瘠、耐旱，可用于酿酒，制作小米粥、粟米饼等，也可作育种材料。

【濒危状况及保护措施建议】在当地少量种植，建议异地保存种子，并扩大种植面积。

11 粟糯

【学　名】Grameneae（禾本科）*Setaria*（狗尾草属）*Setaria italica*（粟）。

【采集地】浙江省金华市武义县。

【主要特征特性】全生育期100天，茎秆直立，绿色，分蘖弱，幼苗叶鞘绿色，叶片绿色，抽穗期茎、叶鞘、叶片均绿色，成熟期转黄色。株高128.0cm，主茎长116.0cm，主茎节数12.2个，主茎粗6.66mm，穗下节间长39.8cm，单株草重13.9g。穗状圆锥花序，基部有间断，主轴密生柔毛，中等长，绿色，护颖浅绿色，小穗椭圆形。成熟穗棒形，半紧，穗码密度每厘米9.7个，穗颈勾状，籽粒橙色，米黄色。主穗长16.2cm、宽1.8cm，单株穗重13.93g，种子长1.98mm、宽1.49mm，种子近圆形，千粒重2.34g，单株籽粒重7.28g。当地农民认为该品种优质、糯性好、耐旱、亩产150kg。

【优异特性与利用价值】幼苗叶鞘绿色，籽粒橙色，米黄色，可用于酿酒，制作小米粥、粟米饼、家常菜等，也可作育种材料。

【濒危状况及保护措施建议】在当地少量种植，建议异地保存种子，并扩大种植面积。

12 铁子粟

【学　名】Gramineae（禾本科）*Setaria*（狗尾草属）*Setaria italica*（粟）。

【采集地】浙江省金华市浦江县。

【主要特征特性】全生育期103天，茎秆直立，绿色，分蘖弱，幼苗叶鞘绿色，叶片绿色，抽穗期茎、叶鞘、叶片均绿色，成熟期转黄色。株高118.0cm，主茎长106.0cm，主茎节数15.6个，主茎粗7.42mm，穗下节间长37.2cm，单株草重12.9g。穗状圆锥花序，基部有间断，主轴密生柔毛，中等长，黄绿色，护颖浅绿色，小穗椭圆形。成熟穗圆筒形，紧，穗码密度每厘米8.7个，穗颈弯曲，籽粒浅黄，米色浅黄。主穗长12.9cm、宽1.6cm，单株穗重6.30g，种子长2.07mm、宽1.39mm，千粒重2.13g，单株籽粒重4.36g。当地农民认为该品种优质。

【优异特性与利用价值】成熟穗圆筒形，籽粒浅黄、米色浅黄，可用于酿酒，制作小米粥、粟米饼等。

【濒危状况及保护措施建议】在当地少量种植，建议异地保存种子，并扩大种植面积。

13 萧山小米

【学　名】Gramineae（禾本科）Setaria（狗尾草属）Setaria italica（粟）。
【采集地】浙江省杭州市萧山区。

【主要特征特性】全生育期103天，茎秆直立，绿色，分蘖弱，幼苗叶鞘绿色，叶片绿色，抽穗期茎、叶鞘、叶片均绿色，成熟期转黄色。株高119.0cm，主茎长107.0cm，主茎节数13.4个，主茎粗7.42mm，穗下节间长37.2cm，单株草重12.9g。穗状圆锥花序，基部有间断，主轴密生柔毛，长，绿色，护颖绿色，小穗椭圆形。成熟穗圆筒形，穗松紧度为中，穗码密度中疏，穗颈勾形，籽粒黄色，米色黄，主穗长28.0cm、宽2.0cm，单株穗重12.85g，千粒重2.38g，单株籽粒重9.89g。当地农民认为该品种优质、耐盐碱、耐旱。

【优异特性与利用价值】成熟穗圆筒形，籽粒黄色，米色黄，可用于酿酒，制作小米粥、粟米饼等。

【濒危状况及保护措施建议】在当地少量种植，建议异地保存种子，并扩大种植面积。

14 小篷红粟
【学　名】Gramineae（禾本科）Setaria（狗尾草属）Setaria italica（粟）。
【采集地】浙江省金华市浦江县。

【主要特征特性】全生育期117天，茎秆直立，绿色，分蘖弱，幼苗叶鞘绿色，叶片绿色，抽穗期茎、叶鞘、叶片均绿色，成熟期转黄色。株高175.6cm，主茎长160.0cm，主茎节数14.2个，主茎粗5.98mm，穗下节间长32.0cm，单株草重22.0g。穗状圆锥花序，基部有间断，主轴密生柔毛，长、黄色，护颖绿色，小穗椭圆形。成熟穗纺锤形，穗松紧度为紧，穗码密度中疏，穗颈勾形，籽粒黄色，米色黄，主穗长28.4cm、宽2.1cm，单株穗重25.68g，千粒重2.42g，单株籽粒重21.41g。当地农民认为该品种优质。

【优异特性与利用价值】幼苗叶鞘绿色，成熟穗纺锤形，籽粒黄色，米黄色，耐旱。可用于酿酒，制作小米粥、粟米饼等，也可作育种材料。

【濒危状况及保护措施建议】在当地少量种植，建议异地保存种子，并扩大种植面积。

15 永嘉黄粟

【学 名】Gramineae（禾本科）*Setaria*（狗尾草属）*Setaria italica*（粟）。

【采集地】浙江省温州市永嘉县。

【主要特征特性】全生育期101天，茎秆直立，绿色，分蘖弱，幼苗叶鞘和叶片均绿色，抽穗期茎、叶鞘、叶片均绿色，成熟期转黄色。株高89.0cm，主茎长74.0cm，主茎节数14.4个，主茎粗5.96mm，穗下节间长23.6cm，单株草重8.0g。穗状圆锥花序，基部有间断，主轴密生柔毛，长，黄绿色，护颖浅绿色，小穗椭圆形。成熟穗鸡嘴形，松，穗码密度每厘米9.2个，穗颈弯曲，籽粒黄色，米色浅黄。主穗长15.0cm、宽1.5cm，单株穗重6.20g，种子长1.92mm、宽1.43mm，种子近圆形，千粒重2.23g，单株籽粒重4.31g。当地农民认为该品种优质、耐贫瘠。

【优异特性与利用价值】成熟穗鸡嘴形，籽粒黄色，米色浅黄，可作为遗传育种材料，也可用于酿酒，制作小米粥、粟米饼等。

【濒危状况及保护措施建议】在当地少量种植，建议异地保存种子，并扩大种植面积。

第 八 章

浙江省甘薯种质资源

第一节　淀粉型甘薯

_1_ 868 【学　名】Convolvulaceae（旋花科）*Ipomoea*（甘薯属）*Ipomoea batatas*（甘薯）。
【采集地】浙江省湖州市长兴县。

【主要特征特性】匍匐株型，中长蔓，最长蔓长168.9cm，分枝数4.6个，茎粗中等，茎直径6.9mm。顶芽褐色，茎顶端茸毛多。顶叶绿带褐色，叶片尖心形，全缘或带齿，叶较大，叶主脉绿色，脉基紫色，叶柄绿色，叶柄长25.2cm，柄基紫色。茎绿色，节间长5.2cm。薯块下膨纺锤形，表皮有纵沟，薯皮红色，薯肉淡黄色，单株结薯3.2个。每亩鲜薯产量2146kg。干物质含量35.6%，淀粉含量24.5%，生薯鲜基可溶性糖含量4.1%，蒸熟后可溶性糖含量10.9%。食味较差。耐贮性较好。

【优异特性与利用价值】淀粉型品种。

【濒危状况及保护措施建议】长兴县少量种植。建议异位妥善保存。

2 白皮栗番薯

【学　名】Convolvulaceae（旋花科）*Ipomoea*（甘薯属）*Ipomoea batatas*（甘薯）。
【采集地】浙江省台州市仙居县。

【主要特征特性】匍匐株型，中长蔓，最长蔓长168.4cm，分枝数5.9个，茎粗壮，茎直径7.3mm。顶芽绿色，茎顶端茸毛中等。顶叶绿色，叶片三角形，带齿，叶片大，叶主脉绿色，脉基绿色，叶柄绿色，叶柄长22.7cm，柄基绿色。茎绿色，节间长4.5cm。薯块短纺锤形至纺锤形，表皮有浅纵沟，薯皮白色，薯肉淡黄色，单株结薯2.4个。每亩鲜薯产量1685kg。干物质含量32.3%，淀粉含量21.7%，生薯鲜基可溶性糖含量4.7%，蒸熟后可溶性糖含量11.6%。食味较优。耐贮性较好。

【优异特性与利用价值】淀粉型品种。

【濒危状况及保护措施建议】仙居县少量种植。建议异位妥善保存。

3 超胜5号   【学　名】Convolvulaceae（旋花科）*Ipomoea*（甘薯属）*Ipomoea batatas*（甘薯）。
【采集地】浙江省绍兴市嵊州市。

【主要特征特性】半直立株型，中短蔓，最长蔓长124.3cm，分枝数6.2个，茎粗中等偏细，茎直径5.2mm。顶芽绿色，茎顶端茸毛少。顶叶绿色，叶片浅复缺刻，叶主脉浅紫色，脉基深紫色，叶柄绿色，叶柄长21.1cm，柄基紫色。茎绿带紫色，节间长3.4cm。薯块纺锤形或上膨纺锤形，表皮有浅纵沟，薯皮浅红色，薯肉黄色，单株结薯2.6个。每亩鲜薯产量2066kg。干物质含量32.4%，淀粉含量21.9%，生薯鲜基可溶性糖含量5.5%，蒸熟后可溶性糖含量10.7%。食味较优。耐贮性中等。

【优异特性与利用价值】淀粉型品种。

【濒危状况及保护措施建议】嵊州市崇仁镇少量种植。建议异位妥善保存。

4 翅蓬
【学 名】Convolvulaceae（旋花科）Ipomoea（甘薯属）Ipomoea batatas（甘薯）。
【采集地】浙江省温州市永嘉县。

【主要特征特性】半直立株型，短蔓，最长蔓长84.5cm，分枝数7.4个，茎粗中等，茎直径6.5mm。顶芽绿色，茎顶端茸毛多。顶叶绿色，叶片浅复缺刻，叶主脉紫色，脉基深紫色，叶柄绿色，叶柄长14.4cm，柄基绿色。茎绿色，节间长4.3cm。薯块纺锤形，表皮有浅纵沟，薯皮红色，薯肉白色至淡黄色，单株结薯2.2个。每亩鲜薯产量1806kg。干物质含量30.5%，淀粉含量20.1%，生薯鲜基可溶性糖含量5.2%，蒸熟后可溶性糖含量9.8%。食味中等。耐贮性较好。

【优异特性与利用价值】淀粉型品种。

【濒危状况及保护措施建议】永嘉县少量种植。建议异位妥善保存。

5 东阳红皮白心

【学 名】Convolvulaceae（旋花科）Ipomoea（甘薯属）Ipomoea batatas（甘薯）。
【采集地】浙江省金华市东阳市。

【主要特征特性】匍匐株型，长蔓，最长蔓长219.2cm，分枝数5.7个，茎粗中等，茎直径6.3mm。顶芽绿色，茎顶端茸毛多。顶叶绿色，叶片心形，全缘或带齿，叶主脉紫色，脉基深紫色，叶柄绿色，叶柄长22.8cm，柄基深紫色。茎绿带紫色，节间长4.5cm。薯块纺锤形或长纺锤形，薯皮红色，薯肉白色，单株结薯2.2个。每亩鲜薯产量1867kg。干物质含量30.4%，淀粉含量19.8%，生薯鲜基可溶性糖含量5.6%，蒸熟后可溶性糖含量11.6%。食味较优。耐贮性较好。

【优异特性与利用价值】淀粉型品种。

【濒危状况及保护措施建议】东阳市少量种植。建议异位妥善保存。

6 岗头白

【学　名】Convolvulaceae（旋花科）*Ipomoea*（甘薯属）*Ipomoea batatas* Lam.（甘薯）。
【采集地】浙江省宁波市奉化区。

【主要特征特性】匍匐株型，长蔓，最长蔓长181.4cm，分枝数6.2个，茎粗中等偏细，茎直径5.2mm。顶芽绿色，茎顶端无茸毛。顶叶绿色，叶片心形，全缘或带齿，叶主脉浅绿色，脉基浅紫色，叶柄绿色，叶柄长22.7cm，柄基绿色。茎绿色，节间长4.5cm。薯块纺锤形至长纺锤形，薯皮红色，薯肉淡黄色，单株结薯5.5个。每亩鲜薯产量2187kg。干物质含量32.9%，淀粉含量22.3%，生薯鲜基可溶性糖含量6.5%，蒸熟后可溶性糖含量10.3%。食味较优。耐贮性较好。

【优异特性与利用价值】淀粉型品种。

【濒危状况及保护措施建议】宁波市奉化区少量种植。建议异位妥善保存。

7 海盐红皮白心

【学　名】Convolvulaceae（旋花科）Ipomoea（甘薯属）Ipomoea batatas（甘薯）。
【采集地】浙江省嘉兴市海盐县。

【主要特征特性】半直立株型，中长蔓，最长蔓长164.3cm，分枝数6.2个，茎粗中等，茎直径5.9mm。顶芽绿色，茎顶端茸毛中等。顶叶绿色，叶片心形带齿或浅单缺刻，叶主脉浅紫色，脉基紫色，叶柄绿带紫色，叶柄长22.6cm，柄基紫色。茎紫红色，节间长4.3cm。薯块长纺锤形，薯形较差，薯皮红色，薯肉淡黄色，单株结薯2.7个。每亩鲜薯产量1946kg。干物质含量32.0%，淀粉含量21.4%，生薯鲜基可溶性糖含量5.7%，蒸熟后可溶性糖含量8.3%。食味较差。耐贮性中等。

【优异特性与利用价值】淀粉型品种。

【濒危状况及保护措施建议】海盐县少量种植。建议异位妥善保存。

8 杭州番薯

【学　名】Convolvulaceae（旋花科）*Ipomoea*（甘薯属）*Ipomoea batatas*（甘薯）。

【采集地】浙江省金华市浦江县。

【主要特征特性】匍匐株型，中长蔓，最长蔓长159.8cm，分枝数5.7个，茎粗，茎直径6.3mm。顶芽黄绿色，茎顶端茸毛多。顶叶绿带褐色，叶片尖心形，全缘或带齿，叶主脉紫色，脉基紫色，叶柄绿带紫色，叶柄长22.6cm，柄基浅紫色。茎紫红色，节间长4.2cm。薯块圆形或短纺锤形，表皮有浅纵沟，薯皮红色，薯肉黄色，单株结薯1.8个。每亩鲜薯产量1846kg。干物质含量34.5%，淀粉含量23.6%，生薯鲜基可溶性糖含量6.4%，蒸熟后可溶性糖含量7.1%。食味较差。耐贮性中等。

【优异特性与利用价值】淀粉型品种，熟薯糖分低。可作全粉用品种的育种亲本。

【濒危状况及保护措施建议】浦江县少量种植。建议异位妥善保存。

9 红番薯

【学 名】Convolvulaceae（旋花科）Ipomoea（甘薯属）Ipomoea batatas（甘薯）。
【采集地】浙江省绍兴市诸暨市。

【主要特征特性】匍匐株型，长蔓，最长蔓长228.5cm，分枝数6.8个，茎粗壮，茎直径7.1mm。顶芽黄色，茎顶端茸毛多。顶叶绿带褐色，叶片心形，全缘或带齿，叶主脉紫色，脉基深紫色，叶柄绿带紫色，叶柄长23.1cm，柄基紫色。茎绿带紫斑，节间长5.8cm。薯块纺锤形，表皮有纵沟，薯形较差，薯皮红色，薯肉淡黄色，单株结薯3.8个。每亩鲜薯产量2608kg。干物质含量33.3%，淀粉含量22.6%，生薯鲜基可溶性糖含量4.4%，蒸熟后可溶性糖含量10.9%。食味中等。耐贮性较好。

【优异特性与利用价值】淀粉型品种。

【濒危状况及保护措施建议】诸暨市少量种植。建议异位妥善保存。

10 后隆番薯
【学 名】Convolvulaceae（旋花科）Ipomoea（甘薯属）Ipomoea batatas（甘薯）。
【采集地】浙江省温州市苍南县。

【主要特征特性】半直立株型，中蔓，最长蔓长135.4cm，分枝数7.8个，茎粗中等偏细，茎直径5.2mm。顶芽绿带褐色，茎顶端茸毛少。顶叶绿带褐色，叶片浅多缺刻，叶主脉紫色，脉基深紫色，叶柄绿带紫色，叶柄长21.1cm，柄基紫色。茎绿带紫条斑，节间长4.2cm。薯块纺锤形至长纺锤形，薯皮红色，薯肉黄色，单株结薯2.3个。每亩鲜薯产量1846kg。干物质含量31.4%，淀粉含量20.8%，生薯鲜基可溶性糖含量4.8%，蒸熟后可溶性糖含量9.2%。食味中等。耐贮性较好。

【优异特性与利用价值】淀粉型品种。

【濒危状况及保护措施建议】苍南县种质保留种植。建议异位妥善保存。

11 建德番薯

【学　名】Convolvulaceae（旋花科）*Ipomoea*（甘薯属）*Ipomoea batatas*（甘薯）。
【采集地】浙江省杭州市建德市。

【主要特征特性】匍匐株型，中长蔓，最长蔓长158.9cm，分枝数6.2个，茎粗中等，茎直径6.8mm。顶芽绿色，茎顶端茸毛中等。顶叶紫绿色，叶片尖心形，全缘或带齿，叶主脉紫色，脉基深紫色，叶柄绿带紫色，叶柄长18.7cm，柄基浅紫色。茎紫红色，节间长4.7cm。薯块纺锤形至短纺锤形，薯皮红色，薯肉黄色，表皮有纵沟，单株结薯2.6个。每亩鲜薯产量2046kg。干物质含量30.4%，淀粉含量20.1%，生薯鲜基可溶性糖含量6.0%，蒸熟后可溶性糖含量9.7%。食味中等。耐贮性较好。

【优异特性与利用价值】淀粉型品种。

【濒危状况及保护措施建议】建德市山区少量种植。建议异位妥善保存。

12 临安白甘薯

【学　名】Convolvulaceae（旋花科）*Ipomoea*（甘薯属）*Ipomoea batatas*（甘薯）。
【采集地】浙江省杭州市临安区。

【主要特征特性】匍匐株型，长蔓，最长蔓长263.4cm，分枝数3.6个，茎中等偏细，茎直径5.3mm。顶芽绿色，茎顶端茸毛少。顶叶绿带褐色，叶片浅复缺刻，叶主脉绿色，脉基绿色，叶柄绿色，叶柄长14.2cm，柄基绿色。茎绿色，节间长5.6cm。薯块短纺锤形，表皮有浅纵沟，薯皮白色，薯肉白色，单株结薯2.6个。每亩鲜薯产量2086kg。干物质含量34.9%，淀粉含量24.0%，生薯鲜基可溶性糖含量5.8%，蒸熟后可溶性糖含量10.4%。食味中等。耐贮性较好。

【优异特性与利用价值】淀粉型品种。

【濒危状况及保护措施建议】杭州市临安区少量种植。建议异位妥善保存。

13 南京勇
【学　名】Convolvulaceae（旋花科）*Ipomoea*（甘薯属）*Ipomoea batatas*（甘薯）。
【采集地】浙江省丽水市缙云县。

【主要特征特性】匍匐株型，长蔓，最长蔓长189.2cm，分枝数5.6个，茎较粗壮，茎直径6.9mm。顶芽黄绿色，茎顶端茸毛多。顶叶绿带褐色，叶片尖心形，全缘或带齿，叶主脉浅紫色，脉基紫色，叶柄绿色，叶柄长18.7cm，柄基紫色。茎紫红色，节间长5.1cm。薯块短纺锤形至下膨纺锤形，表皮有浅纵沟，薯皮红色，薯肉黄色，单株结薯2.9个。每亩鲜薯产量1786kg。干物质含量30.5%，淀粉含量20.1%，生薯鲜基可溶性糖含量4.8%，蒸熟后可溶性糖含量10.4%，每100g鲜薯胡萝卜素含量0.6mg。食味较优。耐贮性较好。

【优异特性与利用价值】淀粉型品种。

【濒危状况及保护措施建议】缙云县山区少量种植。建议异位妥善保存。

14 南京子 　【学　名】Convolvulaceae（旋花科）Ipomoea（甘薯属）Ipomoea batatas（甘薯）。
【采集地】浙江省金华市武义县。

【主要特征特性】匍匐株型，中长蔓，最长蔓长158.4cm，分枝数5.7个，茎粗中等，茎直径5.7mm。顶芽绿色，茎顶端茸毛中等。顶叶绿色，叶片尖心形，全缘或带齿，叶主脉浅紫色，脉基紫色，叶柄绿带紫色，叶柄长18.4cm，柄基浅紫色。茎紫红色，节间长4.7cm。薯块纺锤形至短纺锤形，薯皮红色，薯肉黄色，表皮有纵沟，单株结薯2.6个。每亩鲜薯产量1946kg。干物质含量29.9%，淀粉含量19.6%，生薯鲜基可溶性糖含量5.9%，蒸熟后可溶性糖含量9.3%。食味中等。耐贮性较好。

【优异特性与利用价值】淀粉型品种。

【濒危状况及保护措施建议】武义县山区少量种植。建议异位妥善保存。

15 青藤番薯

【学　名】Convolvulaceae（旋花科）*Ipomoea*（甘薯属）*Ipomoea batatas*（甘薯）。

【采集地】浙江省金华市永康市。

【主要特征特性】匍匐株型，长蔓，最长蔓长182.9cm，分枝数6.2个，茎粗中等，茎直径6.1mm。顶芽绿色，茎顶端茸毛多。顶叶绿色，叶片尖心形，带齿或浅复缺刻，叶主脉紫色，脉基深色，叶柄绿色，叶柄长18.6cm，柄基紫色。茎绿带紫斑，节间长3.8cm。薯块纺锤形至长纺锤形，薯皮黄色，薯肉白色，单株结薯2.8个。每亩鲜薯产量2187kg。干物质含量31.8%，淀粉含量21.3%，生薯鲜基可溶性糖含量5.1%，蒸熟后可溶性糖含量10.8%。食味较差。耐贮性较好。

【优异特性与利用价值】淀粉型品种。

【濒危状况及保护措施建议】永康市少量种植。建议异位妥善保存。

16 胜利百号

【学　名】Convolvulaceae（旋花科）*Ipomoea*（甘薯属）*Ipomoea batatas*（甘薯）。
【采集地】浙江省台州市临海市。

【主要特征特性】匍匐株型，中长蔓，最长蔓长168.7cm，分枝数6.1个，茎较粗壮，茎直径7.0mm。顶芽黄绿色，茎顶端茸毛多。顶叶绿带褐色，叶片尖心形，全缘或带齿，叶主脉浅紫色，脉基浅紫色，叶柄绿色，叶柄长18.4cm，柄基紫色。茎紫红色，节间长4.1cm。薯块短纺锤形至下膨纺锤形，表皮有浅纵沟，薯皮浅红色，薯肉黄色，单株结薯2.8个。每亩鲜薯产量1825kg。干物质含量30.1%，淀粉含量19.6%，生薯鲜基可溶性糖含量4.8%，蒸熟后可溶性糖含量8.6%，每100g鲜薯胡萝卜素含量0.7mg。食味中等。耐贮性较好。

【优异特性与利用价值】1949年前从日本引进品种，淀粉型品种，70%以上国内甘薯育成品种与之有亲缘关系。

【濒危状况及保护措施建议】浙江省山区多地有种植。建议异位妥善保存。

17 桐乡红皮白心

【学　名】Convolvulaceae（旋花科）Ipomoea（甘薯属）Ipomoea batatas（甘薯）。
【采集地】浙江省嘉兴市桐乡市。

【主要特征特性】匍匐株型，中长蔓，最长蔓长157.9cm，分枝数6.3个，茎粗中等，茎直径6.2mm。顶芽褐色，茎顶端茸毛少。顶叶绿带褐色，叶片尖心形，全缘，叶主脉绿色，脉基绿色，叶柄绿色，叶柄长23.2cm，柄基绿色。茎绿色，节间长3.8cm。薯块纺锤形，薯皮红色，薯肉淡黄色，单株结薯3.6个。每亩鲜薯产量1966kg。干物质含量34.4%，淀粉含量23.6%，生薯鲜基可溶性糖含量3.4%，蒸熟后可溶性糖含量8.7%。食味较差。耐贮性较好。

【优异特性与利用价值】淀粉型品种，熟薯糖分少。可作全粉用品种的育种亲本。

【濒危状况及保护措施建议】桐乡市少量种植。建议异位妥善保存并育种利用。

18 万斤薯

【学　名】Convolvulaceae（旋花科）Ipomoea（甘薯属）Ipomoea batatas（甘薯）。

【采集地】浙江省丽水市莲都区。

【主要特征特性】匍匐株型，中长蔓，最长蔓长166.9cm，分枝数5.8个，茎较粗壮，茎直径7.1mm。顶芽黄绿色，茎顶端茸毛多。顶叶绿带褐色，叶片尖心形，全缘或带齿，叶主脉浅紫色，脉基浅紫色，叶柄绿色，叶柄长20.3cm，柄基紫色。茎紫红色，节间长3.9cm。薯块短纺锤形至下膨纺锤形，表皮有浅纵沟，薯皮浅红色，薯肉黄色，单株结薯2.8个。每亩鲜薯产量2215kg。干物质含量31.5%，淀粉含量20.7%，生薯鲜基可溶性糖含量5.2%，蒸熟后可溶性糖含量10.9%。食味较优。耐贮性较好。

【优异特性与利用价值】淀粉型品种。

【濒危状况及保护措施建议】丽水市莲都区零星种植。建议异位妥善保存。

19 武义红皮白心

【学　名】Convolvulaceae（旋花科）*Ipomoea*（甘薯属）*Ipomoea batatas*（甘薯）。
【采集地】浙江省金华市武义县。

【主要特征特性】匍匐株型，中长蔓，最长蔓长162.8cm，分枝数6.1个，茎粗壮，茎直径7.0mm。顶芽褐色，茎顶端茸毛中等。顶叶绿带褐色，叶片尖心形，全缘，叶较大，叶主脉绿色，脉基绿色，叶柄绿色，叶柄长23.2cm，柄基绿色。茎绿色，节间长3.8cm。薯块纺锤形，薯皮红色，薯肉淡黄色，单株结薯3.6个。每亩鲜薯产量2207kg。干物质含量30.5%，淀粉含量20.2%，生薯鲜基可溶性糖含量3.5%，蒸熟后可溶性糖含量8.7%。食味较差。耐贮性较好。

【优异特性与利用价值】淀粉型品种，蒸熟后糖分少。可作全粉用品种的育种亲本。

【濒危状况及保护措施建议】武义县山区少量种植。建议异位妥善保存。

20 苋菜番薯 【学 名】Convolvulaceae（旋花科）*Ipomoea*（甘薯属）*Ipomoea batatas*（甘薯）。
【采集地】浙江省温州市瑞安市。

【主要特征特性】半直立株型，中蔓，最长蔓长136.5cm，分枝数7.1个，茎粗中等，茎直径6.4mm。顶芽绿色，茎顶端茸毛少。顶叶绿色，叶片浅复缺刻，叶主脉浅绿色，脉基绿色，叶柄绿色，叶柄长18.7cm，柄基绿色。茎绿色，节间长3.2cm。薯块长纺锤形，薯皮白色，薯肉淡黄色，单株结薯2.2个。每亩鲜薯产量2107kg。干物质含量30.5%，淀粉含量20.8%，生薯鲜基可溶性糖含量5.7%，蒸熟后可溶性糖含量6.7%。食味较差。耐贮性好。

【优异特性与利用价值】淀粉型品种，蒸熟后糖分少。可作全粉加工用品种的育种亲本。

【濒危状况及保护措施建议】瑞安市少量种植。建议异位妥善保存并育种利用。

21 小叶青藤

【学　名】Convolvulaceae（旋花科）*Ipomoea*（甘薯属）*Ipomoea batatas*（甘薯）。
【采集地】浙江省丽水市缙云县。

【主要特征特性】匍匐株型，长蔓，最长蔓长189.2cm，分枝数6.3个，茎粗中等，茎直径6.1mm。顶芽绿色，茎顶端茸毛多。顶叶绿色，叶片心形，全缘或带齿，叶主脉紫色，脉基深紫色，叶柄绿色，叶柄长19.7cm，柄基紫色。茎绿带紫斑，节间长3.9cm。薯块纺锤形，薯皮棕黄色，薯肉黄色，单株结薯2.2个。每亩鲜薯产量2127kg。干物质含量30.5%，淀粉含量20.1%，生薯鲜基可溶性糖含量5.3%，蒸熟后可溶性糖含量11.7%。食味较优。耐贮性较好。

【优异特性与利用价值】淀粉型品种。

【濒危状况及保护措施建议】缙云县少量种植。建议异位妥善保存。

22 徐薯18

【学　名】Convolvulaceae（旋花科）*Ipomoea*（甘薯属）*Ipomoea batatas*（甘薯）。
【采集地】浙江省绍兴市嵊州市。

【主要特征特性】匍匐株型，长蔓，最长蔓长188.7cm，分枝数6.2个，茎粗中等，茎直径6.0mm。顶芽绿色，茎顶端茸毛多。顶叶绿色，叶片尖心形，全缘或带齿，叶主脉紫色，脉基深紫色，叶柄绿色，叶柄长18.6cm，柄基深紫色。茎绿带紫色，节间长3.7cm。薯块纺锤形或长纺锤形，表皮稍有条筋，薯皮红色，薯肉白色，单株结薯2.9个。每亩鲜薯产量2468kg。干物质含量31.6%，淀粉含量20.7%，生薯鲜基可溶性糖含量4.6%，蒸熟后可溶性糖含量11.9%。食味中等。耐贮性较好。

【优异特性与利用价值】徐州地区农业科学研究所1972年由母本新大紫与父本52-45杂交选育而成，高抗根腐病，1982年获国家技术发明奖一等奖。适合淀粉加工，是国内甘薯育种的骨干亲本。

【濒危状况及保护措施建议】全国均有种植。建议异位妥善保存并脱毒生产利用。

23 洋芋薯

【学　名】Convolvulaceae（旋花科）Ipomoea（甘薯属）Ipomoea batatas（甘薯）。
【采集地】浙江省丽水市庆元县。

【主要特征特性】匍匐株型，长蔓，最长蔓长192.4cm，分枝数5.2个，茎粗中等，茎直径5.8mm。顶芽绿色，茎顶端茸毛少。顶叶绿带紫色，叶片尖心形，全缘或带齿，叶主脉浅紫色，脉基浅紫色，叶柄绿带紫色，叶柄长22.6cm，柄基紫红色。茎紫红色，节间长5.3cm。薯块纺锤形至短纺锤形，表皮有纵沟，薯皮红色，薯肉淡黄色，单株结薯3.0个。每亩鲜薯产量1725kg。干物质含量33.1%，淀粉含量22.4%，生薯鲜基可溶性糖含量5.6%，蒸熟后可溶性糖含量10.0%。食味较优。耐贮性较好。

【优异特性与利用价值】淀粉型品种。

【濒危状况及保护措施建议】庆元县少量种植。建议异位妥善保存。

24 永康白番薯

【学　名】Convolvulaceae（旋花科）*Ipomoea*（甘薯属）*Ipomoea batatas*（甘薯）。
【采集地】浙江省金华市永康市。

【主要特征特性】匍匐株型，中长蔓，最长蔓长156.6cm，分枝数5.9个，茎较细，茎直径5.0mm。顶芽绿色，茎顶端茸毛多。顶叶绿色，叶片心形，全缘或带齿，叶主脉紫色，脉基深紫色，叶柄绿带紫色，叶柄长15.4cm，柄基紫色。茎绿带紫斑，节间长3.8cm。薯块短纺锤形至纺锤形，薯皮白色，薯肉淡黄色，单株结薯2.5个。每亩鲜薯产量2369kg。干物质含量31.9%，淀粉含量21.4%，生薯鲜基可溶性糖含量4.9%，蒸熟后可溶性糖含量9.3%。食味较差。耐贮性中等。

【优异特性与利用价值】淀粉型品种。

【濒危状况及保护措施建议】永康市少量种植。建议异位妥善保存。

第二节　食用型甘薯

1 北京子

【学　名】Convolvulaceae（旋花科）*Ipomoea*（甘薯属）*Ipomoea batatas*（甘薯）。
【采集地】浙江省金华市武义县。

【主要特征特性】匍匐株型，长蔓，最长蔓长233.4cm，分枝数5.6个，茎粗中等，茎直径6.2mm。顶芽绿色，茎顶端茸毛少。顶叶绿色，叶片心形，带齿或全缘，叶较大，叶主脉绿色，脉基紫色，叶柄绿色，叶柄长23.5cm，柄基绿色。茎绿色，节间长4.4cm。薯块纺锤形至短纺锤形，表皮有浅纵沟，薯皮棕黄色，薯肉红色，单株结薯3.3个。每亩鲜薯产量1986kg。干物质含量26.8%，淀粉含量16.9%，生薯鲜基可溶性糖含量6.0%，蒸熟后可溶性糖含量11.1%，每100g鲜薯胡萝卜素含量4.6mg。食味较优。耐贮性较好。

【优异特性与利用价值】食味较优，软、较甜。适合鲜食。

【濒危状况及保护措施建议】武义县山区少量种植。建议异位妥善保存。

2 苍南红牡丹
【学 名】Convolvulaceae（旋花科）Ipomoea（甘薯属）Ipomoea batatas（甘薯）。
【采集地】浙江省温州市苍南县。

【主要特征特性】半直立株型，中蔓，最长蔓长147.2cm，分枝数6.6个，茎粗中等，茎直径5.7mm。顶芽紫色，茎顶端茸毛少。顶叶紫绿色，叶片浅复缺刻，叶主脉浅绿色，脉基绿色，叶柄绿色，叶柄长23.3cm，柄基绿色。茎绿色，节间长3.8cm。薯块纺锤形，薯皮红色，薯肉深红色，单株结薯5.7个。每亩鲜薯产量2327kg。干物质含量24.8%，淀粉含量15.2%，生薯鲜基可溶性糖含量6.7%，蒸熟后可溶性糖含量10.9%，每100g鲜薯胡萝卜素含量8.5mg。食味较优。耐贮性较好。

【优异特性与利用价值】优质食用品种，胡萝卜素含量高。适合鲜食。

【濒危状况及保护措施建议】苍南县少量种植。建议异位妥善保存并育种利用。

3 淳安南瓜番薯

【学 名】Convolvulaceae（旋花科）*Ipomoea*（甘薯属）*Ipomoea batatas*（甘薯）。

【采集地】浙江省杭州市淳安县。

【主要特征特性】半直立株型，短蔓，最长蔓长129.4cm，分枝数5.7个，茎粗壮，茎直径7.2mm。顶芽紫色，茎顶端茸毛中等。顶叶紫绿色，叶片全缘心形，叶主脉紫色，脉基深紫色，叶柄绿色，叶柄长21.4cm，柄基紫色。茎绿色带紫斑，节间长3.5cm。薯块纺锤形，薯皮浅红色，薯肉橘黄色，表皮有较浅的纵沟，单株结薯4.2个。每亩鲜薯产量2857kg。干物质含量21.0%，淀粉含量11.9%，生薯鲜基可溶性糖含量6.9%，蒸熟后可溶性糖含量8.7%，每100g鲜薯胡萝卜素含量2.2mg。食味较优。耐贮性较好。该品种为当地农民薯条主要原料品种。

【优异特性与利用价值】食味软、较甜。可用于鲜食、烤薯与薯脯加工。

【濒危状况及保护措施建议】淳安县山区普遍种植，是淳安县特色农产品白马农户薯条的主要原料品种。建议异位妥善保存并育种利用。

4 更楼番薯

【学　名】Convolvulaceae（旋花科）Ipomoea（甘薯属）Ipomoea batatas（甘薯）。

【采集地】浙江省杭州市建德市。

【主要特征特性】匍匐株型，长蔓，最长蔓长216.9cm，分枝数5.4个，茎粗中等，茎直径6.2mm。顶芽紫色，茎顶端茸毛中等。顶叶紫绿色，叶片尖心形，全缘或带齿，叶主脉浅绿色，脉基浅紫色，叶柄绿带紫色，叶柄长17.2cm，柄基浅紫色。茎紫红色，节间长4.6cm。薯块纺锤形至短纺锤形，薯皮黄色，薯肉黄色，单株结薯3.0个。每亩鲜薯产量2488kg。干物质含量27.4%，淀粉含量17.5%，生薯鲜基可溶性糖含量4.7%，蒸熟后可溶性糖含量11.2%，每100g鲜薯胡萝卜素含量1.5mg。食味较优。耐贮性较好。

【优异特性与利用价值】食味软、较甜。适合鲜食。

【濒危状况及保护措施建议】建德市山区少量种植。建议异位妥善保存并育种利用。

5 红头

【学　名】Convolvulaceae（旋花科）*Ipomoea*（甘薯属）*Ipomoea batatas*（甘薯）。
【采集地】浙江省丽水市缙云县。

【主要特征特性】半直立株型，中长蔓，最长蔓长162.2cm，分枝数7.3个，茎粗中等偏细，茎直径5.3mm。顶芽紫色，茎顶端茸毛少。顶叶紫绿色，叶片尖心形，全缘或带齿，叶主脉浅绿色，脉基绿色，叶柄绿色，叶柄长24.7cm，柄基绿色。茎绿色，节间长4.7cm。薯块纺锤形至长纺锤形，表皮有浅纵沟，薯皮紫红色，薯肉橘黄色，单株结薯2.2个。每亩鲜薯产量2106kg。干物质含量30.2%，淀粉含量19.8%，生薯鲜基可溶性糖含量4.6%，蒸熟后可溶性糖含量14.8%，每100g鲜薯胡萝卜素含量1.1mg。食味优。耐贮性中等。

【优异特性与利用价值】优质食用品种，薯块糖化快。适合鲜食与淀粉、薯脯加工。

【濒危状况及保护措施建议】缙云县少量农户种植。建议异位妥善保存并育种利用。

6 红尾番薯
【学　名】Convolvulaceae（旋花科）Ipomoea（甘薯属）Ipomoea batatas（甘薯）。
【采集地】浙江省温州市平阳县。

【主要特征特性】半直立株型，短蔓，最长蔓长108.1cm，分枝数6.3个，茎粗中等，茎直径6.4mm。顶芽绿色，茎顶端茸毛少。顶叶绿带紫色，叶片中等复缺刻，叶较小，叶主脉绿色带紫斑，脉基紫色，叶柄绿色，叶柄长21.4cm，柄基紫色。茎绿色，节间长3.6cm。薯块短纺锤形至纺锤形，表皮有纵沟，薯皮紫红色，薯肉红色，单株结薯4.2个。每亩鲜薯产量2086kg。干物质含量23.9%，淀粉含量14.4%，生薯鲜基可溶性糖含量6.1%，蒸熟后可溶性糖含量11.4%，每100g鲜薯胡萝卜素含量3.0mg。食味较优。耐贮性较好。

【优异特性与利用价值】食味软、较甜。可用于鲜食与烤薯。

【濒危状况及保护措施建议】温州市零星种植。建议异位妥善保存。

7 红珍珠

【学 名】Convolvulaceae（旋花科）Ipomoea（甘薯属）Ipomoea batatas（甘薯）。
【采集地】浙江省温州市苍南县。

【主要特征特性】半直立株型，中短蔓，最长蔓长144.3cm，分枝数5.6个，茎粗中等，茎直径6.3mm。顶芽绿色，茎顶端茸毛中等。顶叶绿带紫色，叶片浅至中等复缺刻，叶主脉浅紫色，脉基浅紫色，叶柄绿色，叶柄长24.1cm，柄基绿色。茎绿色，节间长4.0cm。薯块短圆至短纺锤形，薯皮紫红色，薯肉红色，单株结薯4.6个。每亩鲜薯产量2527kg。干物质含量23.2%，淀粉含量13.8%，生薯鲜基可溶性糖含量5.2%，蒸熟后可溶性糖含量10.2%，每100g鲜薯胡萝卜素含量3.1mg。食味较优。耐贮性好。

【优异特性与利用价值】食味软、较甜，耐贮性好。适合鲜食与烤薯。

【濒危状况及保护措施建议】苍南县零星种植，当地有种质资源保护性种植。建议异位妥善保存。

8 华北48

【学　名】Convolvulaceae（旋花科）*Ipomoea*（甘薯属）*Ipomoea batatas*（甘薯）。
【采集地】浙江省温州市苍南县。

【主要特征特性】半直立株型，中蔓，最长蔓长148.2cm，分枝数6.3个，茎粗壮，茎直径7.4mm。顶芽绿色，茎顶端茸毛多。顶叶绿色，叶片心形，全缘，叶片大，叶主脉紫色，脉基深紫色，叶柄绿色，叶柄长22.8cm，柄基浅紫色。茎绿色，节间长3.6cm。薯块长纺锤形，薯皮红色，薯肉橘黄色，单株结薯2.3个。每亩鲜薯产量2087kg。干物质含量27.0%，淀粉含量17.1%，生薯鲜基可溶性糖含量7.0%，蒸熟后可溶性糖含量14.6%，每100g鲜薯胡萝卜素含量2.5mg。食味优。耐贮性较好。

【优异特性与利用价值】广东省高州农业学校1948年选育，亲本不详，抗薯瘟。20世纪60年代温州地区引进，曾为薯瘟疫区的生产作出较大贡献。优质食用品种，适合鲜食。

【濒危状况及保护措施建议】苍南县少量种植。建议异位妥善保存并育种利用。

9 嘉善番薯

【学 名】Convolvulaceae（旋花科）Ipomoea（甘薯属）Ipomoea batatas（甘薯）。
【采集地】浙江省嘉兴市嘉善县。

【主要特征特性】半直立株型，中短蔓，最长蔓长119.7cm，分枝数5.6个，茎较细，茎直径5.1mm。顶芽紫色，茎顶端茸毛少。顶叶紫绿色，叶片心形，全缘或带齿，叶主脉浅绿色，脉基绿色，叶柄绿色，叶柄长18.6cm，柄基绿色。茎绿色，节间长3.3cm。薯块长纺锤形，表皮有浅纵沟，薯皮紫红色，薯肉橘黄色，单株结薯2.4个。每亩鲜薯产量2127kg。干物质含量28.9%，淀粉含量18.7%，生薯鲜基可溶性糖含量5.8%，蒸熟后可溶性糖含量15.6%，每100g鲜薯胡萝卜素含量1.4mg。食味优。耐贮性较好。

【优异特性与利用价值】优质食用品种，薯块糖化快。适合鲜食与薯脯加工。

【濒危状况及保护措施建议】嘉善县零星种植。建议异位妥善保存并育种利用。

10 建德黄皮黄心

【学　名】Convolvulaceae（旋花科）*Ipomoea*（甘薯属）*Ipomoea batatas*（甘薯）
【采集地】浙江省杭州市建德市

【主要特征特性】半直立株型，短蔓，最长蔓长114.2cm，分枝数5.1个，茎粗中等，茎直径5.7mm。顶芽绿色，茎顶端茸毛少。顶叶绿色，叶片心形，全缘或带齿，叶主脉浅紫色，脉基深紫色，叶柄绿色，叶柄长19.7cm，柄基紫色。茎绿色，节间长3.4cm。薯块短纺锤形至上膨短纺锤形，表皮有较浅的纵沟，薯皮棕黄色，薯肉红色，单株结薯3.2个。每亩鲜薯产量2528kg。干物质含量26.4%，淀粉含量16.6%，生薯鲜基可溶性糖含量6.6%，蒸熟后可溶性糖含量11.6%，每100g鲜薯胡萝卜素含量4.5mg。食味较优。耐贮性较好。

【优异特性与利用价值】短蔓品种，食味软、较甜。适合鲜食与烤薯。

【濒危状况及保护措施建议】建德市山区少量种植。建议异位妥善保存并育种利用。

11 金瓜番薯

【学　名】Convolvulaceae（旋花科）*Ipomoea*（甘薯属）*Ipomoea batatas*（甘薯）。
【采集地】浙江省丽水市莲都区。

【主要特征特性】匍匐株型，长蔓，最长蔓长242.1cm，分枝数6.1个，茎粗中等，茎直径6.3mm。顶芽绿色，茎顶端无茸毛。顶叶绿色，叶片心形，带齿或全缘，叶较大，叶主脉绿色带紫斑，脉基紫色，叶柄绿色，叶柄长26.1cm，柄基绿色。茎绿色，节间长4.6cm。薯块纺锤形至短纺锤形，薯皮棕黄色，薯肉红色，单株结薯4.3个。每亩鲜薯产量2628kg。干物质含量26.7%，淀粉含量16.9%，生薯鲜基可溶性糖含量7.1%，蒸熟后可溶性糖含量12.8%，每100g鲜薯胡萝卜素含量5.3mg。食味优。耐贮性较好。

【优异特性与利用价值】食味软、甜。适合鲜食与烤薯。

【濒危状况及保护措施建议】丽水市莲都区山区少量种植。建议异位妥善保存与育种利用。

12 金瓜红

【学　名】Convolvulaceae（旋花科）*Ipomoea*（甘薯属）*Ipomoea batatas*（甘薯）。
【采集地】浙江省金华市永康市。

【主要特征特性】半直立株型，短蔓，最长蔓长114.3cm，分枝数6.8个，茎粗壮，茎直径6.5mm。顶芽紫色，茎顶端茸毛少。顶叶紫绿色，叶片尖心形，全缘或带齿，叶主脉紫色，脉基深紫色，叶柄绿色，叶柄长21.4cm，柄基紫色。茎绿色带紫条斑，节间长2.9cm。薯块纺锤形，薯皮浅红色，薯肉橘黄色，表皮有较浅的纵沟，单株结薯4.4个。每亩鲜薯产量2145kg。干物质含量21.1%，淀粉含量12.0%，生薯鲜基可溶性糖含量5.8%，蒸熟后可溶性糖含量7.3%，每100g鲜薯胡萝卜素含量2.2mg。食味较优。耐贮性较好。

【优异特性与利用价值】食味软、较甜。可用于鲜食与烤薯。

【濒危状况及保护措施建议】永康市山区农户少量种植。建议异位妥善保存。

13 金瓜黄

【学　名】Convolvulaceae（旋花科）*Ipomoea*（甘薯属）*Ipomoea batatas*（甘薯）。
【采集地】浙江省丽水市莲都区。

【主要特征特性】半直立株型，短蔓，最长蔓长124.3cm，分枝数5.8个，茎粗壮，茎直径7.1mm。顶芽紫色，茎顶端茸毛少。顶叶紫绿色，叶片尖心形，全缘或带齿，叶主脉紫色，脉基深紫色，叶柄绿色，叶柄长16.7cm，柄基紫色。茎绿色带紫条斑，节间长3.5cm。薯块纺锤形，薯皮浅红色，薯肉橘黄色，表皮有较浅的纵沟，单株结薯4.4个。每亩鲜薯产量2764kg。干物质含量21.4%，淀粉含量11.7%，生薯鲜基可溶性糖含量6.6%，蒸熟后可溶性糖含量10.2%，每100g鲜薯胡萝卜素含量2.1mg。食味较优。耐贮性较好。

【优异特性与利用价值】食味软、较甜。可用于鲜食、烤薯与薯脯加工。

【濒危状况及保护措施建议】丽水市山区农户少量种植。建议异位妥善保存并育种利用。

14 老南瓜

【学　名】Convolvulaceae（旋花科）*Ipomoea*（甘薯属）*Ipomoea batatas*（甘薯）。
【采集地】浙江省杭州市淳安县。

【主要特征特性】匍匐株型，长蔓，最长蔓长242.1cm，分枝数6.1个，茎粗中等，茎直径6.3mm。顶芽绿色，茎顶端无茸毛。顶叶绿色，叶片心形，全缘或带齿，叶较大，叶主脉绿色，脉基紫色，叶柄绿色，叶柄长26.4cm，柄基浅紫色。茎绿色，节间长4.6cm。薯块纺锤形至短纺锤形，表皮有浅纵沟，薯皮浅红色，薯肉红色，单株结薯3.8个。每亩鲜薯产量2487kg。干物质含量23.9%，淀粉含量14.4%，生薯鲜基可溶性糖含量6.4%，蒸熟后可溶性糖含量13.8%，每100g鲜薯胡萝卜素含量4.6mg。食味优。耐贮性较好。

【优异特性与利用价值】优质食用品种，食味软、甜。适合鲜食与烤薯。

【濒危状况及保护措施建议】淳安县山区少量种植。建议异位妥善保存并育种利用。

15 莲都红牡丹

【学　名】Convolvulaceae（旋花科）*Ipomoea*（甘薯属）*Ipomoea batatas*（甘薯）。
【采集地】浙江省丽水市莲都区。

【主要特征特性】半直立株型，短蔓，最长蔓长118.3cm，分枝数8.1个，茎粗中等，茎直径6.1mm。顶芽绿色，茎顶端茸毛少。顶叶绿带紫色，叶片中等复缺刻，叶较小，叶主脉绿色带紫斑，脉基紫色，叶柄绿色，叶柄长22.1cm，柄基绿色。茎绿色，节间长3.1cm。薯块短纺锤形至纺锤形，表皮有纵沟，薯皮紫红色，薯肉红色，单株结薯4.3个。每亩鲜薯产量1866kg。干物质含量23.0%，淀粉含量13.7%，生薯鲜基可溶性糖含量6.6%，蒸熟后可溶性糖含量8.9%，每100g鲜薯胡萝卜素含量3.4mg。食味较优。耐贮性较好。

【优异特性与利用价值】食味软、较甜，耐贮性好。可用于鲜食、烤薯。

【濒危状况及保护措施建议】丽水市莲都区零星种植。建议异位妥善保存并育种利用。

16 六十日

【学　名】Convolvulaceae（旋花科）Ipomoea（甘薯属）Ipomoea batatas（甘薯）。
【采集地】浙江省丽水市龙泉市。

【主要特征特性】匍匐株型，长蔓，最长蔓长326.8cm，分枝数3.7个，茎较细，茎直径4.2mm。顶芽绿色，茎顶端茸毛少。顶叶绿色。叶片中等单缺刻，叶主脉绿色，脉基浅紫色，叶柄绿色，叶柄长17.4cm，柄基绿色。茎绿色，节间长5.6cm。薯块纺锤形至长纺锤形，薯皮红色，薯肉白色，单株结薯3.1个。每亩鲜薯产量2327kg。干物质含量24.2%，淀粉含量14.1%，生薯鲜基可溶性糖含量7.2%，蒸熟后可溶性糖含量9.7%。食味较好。耐贮性中等。当地农民认为该品种可作水果甘薯。

【优异特性与利用价值】浙江省地方品种，又名红皮白心、六十工，早熟品种，生薯可溶性糖和果糖含量高。

【濒危状况及保护措施建议】浙江省山区零星种植，本次调查从奉化、宁海、仙居、天台、淳安、嵊州、新昌、莲都、龙泉、磐安等地采集样本11份，均存在田间裂皮的缺陷，须脱毒后才有水果甘薯生产利用价值。建议异位妥善保存与脱毒生产利用。

17 梅尖红

【学　名】Convolvulaceae（旋花科）*Ipomoea*（甘薯属）*Ipomoea batatas*（甘薯）。
【采集地】浙江省丽水市缙云县。

【主要特征特性】半直立株型，中长蔓，最长蔓长168.4cm，分枝数7.3个，茎粗中等偏细，茎直径5.0mm。顶芽紫色，茎顶端茸毛少。顶叶紫绿色，叶片尖心形，全缘或带齿，叶主脉浅绿色，脉基绿色，叶柄绿色，叶柄长21.7cm，柄基绿色。茎绿色，节间长4.4cm。薯块纺锤形或下膨纺锤形，表皮有浅纵沟，薯皮紫红色，薯肉橘黄色，单株结薯2.2个。每亩鲜薯产量1978kg。干物质含量28.4%，淀粉含量18.3%，生薯鲜基可溶性糖含量5.5%，蒸熟后可溶性糖含量13.9%，每100g鲜薯胡萝卜素含量1.5mg。食味较优。耐贮性较好。

【优异特性与利用价值】食味软、较甜。适合鲜食与淀粉、薯脯加工。

【濒危状况及保护措施建议】缙云县少量农户种植。建议异位妥善保存。

18 蜜东

【学　名】Convolvulaceae（旋花科）Ipomoea（甘薯属）Ipomoea batatas（甘薯）
【采集地】浙江省温州市苍南县

【主要特征特性】半直立株型，中短蔓，最长蔓长128.6cm，分枝数7.3个，茎较细，茎直径4.8mm。顶芽紫色或褐色，茎顶端茸毛少。顶叶紫绿色，叶片全缘心形，叶主脉浅绿色，脉基绿色，叶柄绿色，叶柄长21.6cm，柄基绿色。茎绿色，节间长3.5cm。薯块长纺锤形，表皮有浅纵沟，薯皮紫红色，薯肉橘黄色，单株结薯1.9个。每亩鲜薯产量2487kg。干物质含量29.0%，淀粉含量18.9%，生薯鲜基可溶性糖含量4.6%，蒸熟后可溶性糖含量15.7%，每100g鲜薯胡萝卜素含量1.6mg。食味优。耐贮性较好。

【优异特性与利用价值】优质食用品种，薯块糖化快。适合鲜食与淀粉、薯脯加工。

【濒危状况及保护措施建议】温州、台州地区少量种植。建议异位妥善保存并育种利用。

19 莫冬
【学　名】Convolvulaceae（旋花科）*Ipomoea*（甘薯属）*Ipomoea batatas*（甘薯）。
【采集地】浙江省台州市玉环市。

【主要特征特性】匍匐株型，长蔓，最长蔓长198.7cm，分枝数6.4个，茎粗中等，茎直径6.8mm。顶芽紫色，茎顶端茸毛多。顶叶紫绿色，叶片尖心形，全缘或带齿，叶主脉浅绿色，脉基绿色，叶柄绿色，叶柄长18.5cm，柄基绿色。茎绿色，节间长4.6cm。薯块长纺锤形，表皮有浅纵沟，薯皮粉红色，薯肉黄色，单株结薯1.8个。每亩鲜薯产量2387kg。干物质含量22.8%，淀粉含量13.5%，生薯鲜基可溶性糖含量6.0%，蒸熟后可溶性糖含量13.0%，每100g鲜薯胡萝卜素含量1.2mg。食味较优。耐贮性较好。

【优异特性与利用价值】鲜薯薯块糖化快。适合鲜食与烤薯。

【濒危状况及保护措施建议】温州地区均有种植，有60年以上的种植历史。建议异位妥善保存，加强脱毒种推广与育种利用。

20 南京种

【学　名】Convolvulaceae（旋花科）Ipomoea（甘薯属）Ipomoea batatas（甘薯）。
【采集地】浙江省金华市永康市。

【主要特征特性】匍匐株型，短蔓，最长蔓长89.6cm，分枝数5.2个，茎较粗壮，茎直径7.0mm。顶芽黄绿色，茎顶端无茸毛。顶叶绿带褐色，叶片浅复缺刻，叶主脉浅绿色，脉基浅紫色，叶柄绿色，叶柄长13.8cm，柄基浅紫色。茎紫带绿色，节间长2.7cm。薯块短纺锤形至纺锤形，表皮有浅纵沟，薯皮浅红色，薯肉黄色，单株结薯2.6个。每亩鲜薯产量1745kg。干物质含量27.9%，淀粉含量18.0%，生薯鲜基可溶性糖含量6.1%，蒸熟后可溶性糖含量12.6%，每100g鲜薯胡萝卜素含量1.1mg。食味较优。耐贮性较好。

【优异特性与利用价值】短蔓品种，食味软、甜。可用于鲜食、薯脯加工。

【濒危状况及保护措施建议】永康市少量种植。建议异位妥善保存。

21 南京紫
【学　名】Convolvulaceae（旋花科）Ipomoea（甘薯属）Ipomoea batatas（甘薯）。
【采集地】浙江省丽水市莲都区。

【主要特征特性】半直立株型，短蔓，最长蔓长96.7cm，分枝数5.4个，茎粗中等，茎直径6.4mm。顶芽紫色，茎顶端茸毛少。顶叶紫绿色，叶片浅复缺刻或尖心形带齿，叶主脉浅绿色，脉基浅紫色，叶柄绿带紫色，叶柄长14.3cm，柄基紫色。茎紫红色，节间长3.3cm。薯块纺锤形至短纺锤形，表皮有浅纵沟，薯皮黄色，薯肉黄色，单株结薯3.0个。每亩鲜薯产量1864kg。干物质含量29.8%，淀粉含量19.5%，生薯鲜基可溶性糖含量5.0%，蒸熟后可溶性糖含量10.3%，每100g鲜薯胡萝卜素含量1.8mg。食味较优。耐贮性较好。

【优异特性与利用价值】食味较甜、薯香味好。适合鲜食。

【濒危状况及保护措施建议】丽水市莲都区少量农户种植。建议异位妥善保存。

22 南瑞苕

【学　名】*Convolvulaceae*（旋花科）*Ipomoea*（甘薯属）*Ipomoea batatas*（甘薯）。
【采集地】浙江省丽水市松阳县。

【主要特征特性】匍匐株型，长蔓，最长蔓长194.5cm，分枝数4.6个，茎粗中等偏细，茎直径5.2mm。顶芽绿色，茎顶端茸毛少。顶叶绿色，叶片心形，全缘或带齿，叶片小，叶主脉紫色，脉基深紫色，叶柄绿色，叶柄长17.4cm，柄基深紫色。茎绿带褐条斑，节间长3.9cm。薯块纺锤形，表皮有纵沟，薯皮棕黄色，薯肉橘黄色，单株结薯4.2个。每亩鲜薯产量2124kg。干物质含量29.7%，淀粉含量19.2%，生薯鲜基可溶性糖含量5.8%，蒸熟后可溶性糖含量13.8%，每100g鲜薯胡萝卜素含量2.1mg。食味较优。耐贮性较好。

【优异特性与利用价值】1934年从美国引进，又名美国种，是国内早期甘薯育种的骨干亲本。食味较优。适合淀粉加工与鲜食。

【濒危状况及保护措施建议】国内生产上少有人种植。建议异位妥善保存。

23 苹果番薯

【学 名】Convolvulaceae（旋花科）Ipomoea（甘薯属）Ipomoea batatas（甘薯）。

【采集地】浙江省丽水市松阳县。

【主要特征特性】半直立株型，短蔓，最长蔓长118.2cm，分枝数6.7个，茎较粗，茎直径7.1mm。顶芽紫色，茎顶端茸毛少。顶叶紫绿色，叶片心形，全缘，叶片大，叶主脉紫色，脉基深紫色，叶柄绿色，叶柄长21.4cm，柄基深紫色。茎绿带紫斑，节间长3.2cm。薯块纺锤形，表皮有纵沟，薯皮浅红色，薯肉橘黄色，单株结薯3.5个。每亩鲜薯产量1894kg。干物质含量16.5%，淀粉含量7.9%，鲜薯鲜基可溶性糖含量6.5%，果糖含量2.5%，蒸熟后可溶性糖含量7.9%，每100g鲜薯胡萝卜素含量2.2mg。食味中等。耐贮性较好。当地农民认为该品种可作水果番薯。

【优异特性与利用价值】生薯可溶性糖含量高，其中果糖含量尤其高。

【濒危状况及保护措施建议】松阳县少量种植。建议异位妥善保存并育种利用。

28 桐乡黄皮红心

【学　名】Convolvulaceae（旋花科）Ipomoea（甘薯属）Ipomoea batatas（甘薯）。
【采集地】浙江省嘉兴市桐乡市。

【主要特征特性】匍匐株型，中长蔓，最长蔓长146.4cm，分枝数4.9个，茎粗中等，茎直径6.2mm。顶芽绿色，茎顶端无茸毛。顶叶绿色，叶片心形，带齿或全缘，叶主脉绿色带紫斑，脉基紫色，叶柄绿色，叶柄长19.6cm，柄基绿色。茎绿色，节间长3.1cm。薯块纺锤形至短纺锤形，薯皮棕黄色，薯肉红色，单株结薯4.1个。每亩鲜薯产量2489kg。干物质含量30.7%，淀粉含量20.3%，生薯鲜基可溶性糖含量5.7%，蒸熟后可溶性糖含量13.2%，每100g鲜薯胡萝卜素含量5.6mg。食味优。耐贮性较好。

【优异特性与利用价值】优质食用品种，食味软、甜。适合鲜食与薯脯加工。

【濒危状况及保护措施建议】桐乡市少量种植。建议异位妥善保存并育种利用。

29 五个叉

【学　名】Convolvulaceae（旋花科）*Ipomoea*（甘薯属）*Ipomoea batatas*（甘薯）。
【采集地】浙江省丽水市缙云县。

【主要特征特性】半直立株型，短蔓，最长蔓长110.4cm，分枝数8.2个，茎粗中等，茎直径6.6mm。顶芽绿带紫色，茎顶端茸毛少。顶叶绿带紫色，叶片中等复缺刻，叶较小，叶主脉浅紫色，脉基紫色，叶柄绿色，叶柄长20.6cm，柄基绿色。茎绿色，节间长3.2cm。薯块纺锤形，表皮有浅纵沟，薯皮紫红色，薯肉红色，单株结薯4.2个。每亩鲜薯产量2640kg。干物质含量21.7%，淀粉含量12.5%，生薯鲜基可溶性糖含量6.7%，蒸熟后可溶性糖含量8.7%，每100g鲜薯胡萝卜素含量4.1mg。食味较优。耐贮性较好。

【优异特性与利用价值】食味软、较甜，耐贮性好。可用于鲜食、烤薯。

【濒危状况及保护措施建议】缙云县零星种植。建议异位妥善保存。

30 五爪薯

【学 名】Convolvulaceae（旋花科）*Ipomoea*（甘薯属）*Ipomoea batatas*（甘薯）。
【采集地】浙江省温州市苍南县。

【主要特征特性】直立株型，短蔓，最长蔓长108.3cm，分枝数6.6个，茎粗中等，茎直径6.3mm。顶芽绿色，茎顶端茸毛少。顶叶绿色，叶片深复缺刻，叶主脉浅绿色，脉基浅紫色，叶柄绿色，叶柄长19.0cm，柄基绿色。茎绿色，节间长2.7cm。薯块纺锤形，薯皮红色，薯肉淡红色，单株结薯3.7个。每亩鲜薯产量2468kg。干物质含量23.6%，淀粉含量14.1%，生薯鲜基可溶性糖含量5.5%，蒸熟后可溶性糖含量13.8%，每100g鲜薯胡萝卜素含量1.9mg。食味较优。耐贮性较好。

【优异特性与利用价值】短蔓品种，食味软、较甜。可用于鲜食与烤薯。

【濒危状况及保护措施建议】苍南县零星种植。建议异位妥善保存。

31 武义番薯

【学　名】Convolvulaceae（旋花科）*Ipomoea*（甘薯属）*Ipomoea batatas*（甘薯）。

【采集地】浙江省金华市武义县。

【主要特征特性】匍匐株型，长蔓，最长蔓长189.4cm，分枝数4.8个，茎粗中等，茎直径5.7mm。顶芽绿色，茎顶端茸毛少。顶叶绿色，叶片心形，带齿或全缘，叶较大，叶主脉绿色，脉基紫色，叶柄绿色，叶柄长22.6cm，柄基绿色。茎绿色，节间长4.4cm。薯块纺锤形至短纺锤形，薯皮棕黄色，薯肉红色，单株结薯3.3个。每亩鲜薯产量1866kg。干物质含量27.1%，淀粉含量17.2%，生薯鲜基可溶性糖含量5.9%，蒸熟后可溶性糖含量12.2%，每100g鲜薯胡萝卜素含量4.3mg。食味优。耐贮性较好。

【优异特性与利用价值】优质食用品种，食味软、甜。适合鲜食、烤薯。

【濒危状况及保护措施建议】武义县山区少量种植。建议异位妥善保存并育种利用。

32 西瓜番薯

【学　名】Convolvulaceae（旋花科）Ipomoea（甘薯属）Ipomoea batatas（甘薯）。

【采集地】浙江省台州市黄岩区。

【主要特征特性】半直立株型，短蔓，最长蔓长109.4cm，分枝数5.7个，茎粗壮，茎直径7.2mm。顶芽紫色，茎顶端茸毛中等。顶叶紫绿色，叶片尖心形，全缘或带齿，叶主脉紫色，脉基深紫色，叶柄绿色，叶柄长17.5cm，柄基紫色。茎绿色带紫斑，节间长3.3cm。薯块纺锤形，薯皮浅红色，薯肉橘黄色，单株结薯3.4个。每亩鲜薯产量2205kg。干物质含量19.2%，淀粉含量10.3%，生薯鲜基可溶性糖含量5.7%，蒸熟后可溶性糖含量9.2%，每100g鲜薯胡萝卜素含量1.9mg。食味较优。耐贮性较好。

【优异特性与利用价值】食味软、软甜。可用于鲜食与烤薯。

【濒危状况及保护措施建议】台州市黄岩区农户少量种植。建议异位妥善保存。

33 香番薯

【学 名】Convolvulaceae（旋花科）*Ipomoea*（甘薯属）*Ipomoea batatas*（甘薯）。
【采集地】浙江省台州市仙居县。

【主要特征特性】半直立株型，中蔓，最长蔓长140.9cm，分枝数5.9个，茎粗中等，茎直径6.2mm。顶芽绿色，茎顶端茸毛少。顶叶绿带紫色，叶片中等至深复缺刻，叶片大，叶主脉绿色，脉基绿色，叶柄绿色，叶柄长24.1cm，柄基绿色。茎绿色，节间长3.2cm。薯块短圆至短纺锤形，表皮有纵沟，薯皮紫红色，薯肉橘黄色，单株结薯3.7个。每亩鲜薯产量2608kg。干物质含量26.4%，淀粉含量16.5%，生薯鲜基可溶性糖含量5.7%，蒸熟后可溶性糖含量13.9%，每100g鲜薯胡萝卜素含量2.3mg。食味优。耐贮性较好。

【优异特性与利用价值】优质食用品种，薯香味浓郁。适合鲜食与烤薯。

【濒危状况及保护措施建议】仙居县零星种植。建议异位妥善保存并育种利用。

34 心香
【学 名】Convolvulaceae（旋花科）Ipomoea（甘薯属）Ipomoea batatas（甘薯）。
【采集地】浙江省金华市磐安县。

【主要特征特性】匍匐株型，中长蔓，最长蔓长166.2cm，分枝数6.7个，茎粗中等，茎直径5.8mm。顶芽黄绿色，茎顶端茸毛中等。顶叶绿色，叶片心形，全缘，叶主脉浅紫色，脉基紫色，叶柄绿色，叶柄长20.8cm，柄基浅紫色。茎绿色，节间长4.3cm。薯块纺锤形，薯皮紫红色，薯肉橘黄色，单株结薯4.2个。每亩鲜薯产量2317kg。干物质含量31.6%，淀粉含量21.1%，生薯鲜基可溶性糖含量5.3%，蒸熟后可溶性糖含量14.5%，每100g鲜薯胡萝卜素含量2.1mg。食味优。耐贮性较好。

【优异特性与利用价值】2000年浙江省农业科学院以金玉为母本、浙薯2号为父本杂交选育而成，2007年通过浙江省审定和国家鉴定。优质食用品种，薯香味浓郁。适合作迷你甘薯与淀粉加工用甘薯。

【濒危状况及保护措施建议】浙江省主导品种，已有近20年示范推广历史，市场接受度高。建议加强脱毒种的推广。

35 新种花

【学　名】Convolvulaceae（旋花科）*Ipomoea*（甘薯属）*Ipomoea batatas*（甘薯）。

【采集地】浙江省丽水市遂昌县。

【主要特征特性】匍匐株型，中长蔓，最长蔓长157.2cm，分枝数5.6个，茎较细，茎直径5.0mm。顶芽绿色，茎顶端茸毛多。顶叶绿色，叶片中等深复缺刻，叶主脉浅色，脉基紫色，叶柄绿色，叶柄长21.4cm，柄基紫色。茎绿带紫条斑，节间长5.3cm。薯块纺锤形，薯皮浅红色，薯肉黄色，单株结薯5.2个。每亩鲜薯产量1764kg。干物质含量23.7%，淀粉含量14.2%，生薯鲜基可溶性糖含量6.6%，蒸熟后可溶性糖含量8.9%，每100g鲜薯胡萝卜素含量0.9mg。食味中等。耐贮性中等。当地农民认为该品种耐瘠、耐旱性好。

【优异特性与利用价值】福建省1954年从农户品种中选育而成，耐瘠、耐旱性好，退化较严重。

【濒危状况及保护措施建议】遂昌县少量种植。建议异位妥善保存。

36 雪梨番薯

【学 名】Convolvulaceae（旋花科）*Ipomoea*（甘薯属）*Ipomoea batatas*（甘薯）。
【采集地】浙江省杭州市临安区。

【主要特征特性】半直立株型，短蔓，最长蔓长109.4cm，分枝数5.7个，茎粗壮，茎直径7.2mm。顶芽紫色，茎顶端茸毛中等。顶叶紫绿色，叶片尖心形，全缘或带齿，叶主脉紫色，脉基深紫色，叶柄绿色，叶柄长17.5cm，柄基紫色。茎绿色带紫斑，节间长3.3cm。薯块纺锤形，薯皮浅红色，薯肉橘黄色，表皮有较浅的纵沟，单株结薯4.2个。每亩鲜薯产量2857kg。干物质含量19.2%，淀粉含量9.8%，生薯鲜基可溶性糖含量6.7%，蒸熟后可溶性糖含量7.9%，每100g鲜薯胡萝卜素含量2.6mg。食味中等。耐贮性较好。

【优异特性与利用价值】生薯较甜。可作水果甘薯。

【濒危状况及保护措施建议】杭州市临安区农户少量种植。建议异位妥善保存。

37 永嘉红牡丹

【学　名】Convolvulaceae（旋花科）*Ipomoea*（甘薯属）*Ipomoea batatas*（甘薯）。

【采集地】浙江省温州市永嘉县。

【主要特征特性】半直立株型，短蔓，最长蔓长104.2cm，分枝数7.1个，茎粗中等，茎直径6.6mm。顶芽绿色，茎顶端茸毛少。顶叶绿带紫色，叶片深复缺刻，叶主脉绿色，脉基绿色，叶柄绿色，叶柄长16.4cm，柄基绿色。茎绿色，节间长2.6cm。薯块短纺锤形至纺锤形，表皮有纵沟，薯皮紫红色，薯肉红色，单株结薯4.3个。每亩鲜薯产量2046kg。干物质含量21.8%，淀粉含量12.6%，生薯鲜基可溶性糖含量6.0%，蒸熟后可溶性糖含量13.1%，每100g鲜薯胡萝卜素含量3.2mg。食味较优。耐贮性较好。

【优异特性与利用价值】食味软、甜。可用于鲜食与烤薯。

【濒危状况及保护措施建议】永嘉县零星种植。建议异位妥善保存并育种利用。

38 永康黄心番薯

【学　名】Convolvulaceae（旋花科）*Ipomoea*（甘薯属）*Ipomoea batatas*（甘薯）。

【采集地】浙江省金华市永康市。

【主要特征特性】直立株型，短蔓，最长蔓长111.4cm，分枝数7.1个，茎粗中等，茎直径6.5mm。顶芽绿带浅紫色，茎顶端茸毛少。顶叶绿带浅紫色，叶片深复缺刻，叶主脉浅绿色，脉基绿色，叶柄绿色，叶柄长16.4cm，柄基绿色。茎绿色，节间长3.2cm。薯块纺锤形，表皮有浅纵沟，薯皮红色，薯肉淡红色，单株结薯3.9个。每亩鲜薯产量2207kg。干物质含量20.8%，淀粉含量11.7%，生薯鲜基可溶性糖含量5.9%，蒸熟后可溶性糖含量10.7%，每100g鲜薯胡萝卜素含量3.2mg。食味较优。耐贮性较好。

【优异特性与利用价值】短蔓品种，食味软、较甜。可用于鲜薯、油炸薯片和薯脯加工。

【濒危状况及保护措施建议】永康市山区零星种植。建议异位妥善保存。

39 永泰薯

【学　名】Convolvulaceae（旋花科）*Ipomoea*（甘薯属）*Ipomoea batatas*（甘薯）。

【采集地】浙江省温州市苍南县。

【主要特征特性】半直立株型，短蔓，最长蔓长114.6cm，分枝数8.7个，茎粗中等，茎直径6.9mm。顶芽绿色，茎顶端茸毛少。顶叶绿色，叶片心形，全缘或带齿，叶主脉浅绿色，脉基绿色，叶柄绿色，叶柄长21.2cm，柄基绿色。茎绿色，节间长2.6cm。薯块纺锤形至长纺锤形，薯皮黄色，薯肉淡黄色，单株结薯1.9个。每亩鲜薯产量3009kg。干物质含量22.8%，淀粉含量13.1%，生薯鲜基可溶性糖含量6.5%，蒸熟后可溶性糖含量8.1%。食味中等。耐贮性较好。

【优异特性与利用价值】鲜食产量高，有育种利用价值。

【濒危状况及保护措施建议】苍南县种质保留种植。建议异位妥善保存并育种利用。

40 圆叶番薯

【学　名】Convolvulaceae（旋花科）*Ipomoea*（甘薯属）*Ipomoea batatas*（甘薯）。
【采集地】浙江省温州市瑞安市。

【主要特征特性】半直立株型，中短蔓，最长蔓长123.2cm，分枝数6.8个，茎粗中等偏细，茎直径5.2mm。顶芽紫色，茎顶端茸毛少。顶叶紫绿色，叶片心形，全缘或带齿，叶主脉浅绿色，脉基绿色，叶柄绿色，叶柄长19.8cm，柄基绿色。茎绿色，节间长3.4cm。薯块长纺锤形，表皮有浅纵沟，薯皮紫红色，薯肉橘黄色，单株结薯2.2个。每亩鲜薯产量1986kg。干物质含量29.9%，淀粉含量19.6%，生薯鲜基可溶性糖含量5.9%，蒸熟后可溶性糖含量16.3%，每100g鲜薯胡萝卜素含量1.6mg。食味优。耐贮性中等。

【优异特性与利用价值】优质食用品种，薯块糖化快。适合鲜食与淀粉、薯脯加工。

【濒危状况及保护措施建议】瑞安市少量种植。建议异位妥善保存并育种利用。

41 浙薯2号

【学 名】Convolvulaceae（旋花科）Ipomoea（甘薯属）Ipomoea batatas（甘薯）。
【采集地】浙江省台州市玉环市。

【主要特征特性】匍匐株型，中长蔓，最长蔓长174.5cm，分枝数6.3个，茎粗中等，茎直径6.4mm。顶芽绿色，茎顶端茸毛多。顶叶绿色，叶片心形带齿，叶主脉紫色，脉基深紫色，叶柄绿色，叶柄长21.3cm，柄基绿色。茎绿色，节间长3.6cm。薯块纺锤形，薯皮紫红色，薯肉黄色，单株结薯2.9个。每亩鲜薯产量1867kg。干物质含量28.1%，淀粉含量17.9%。食味优。耐贮性较好。

【优异特性与利用价值】浙江省农业科学院1978年以宁薯1号为母本，与近缘植物乌干达牵牛杂交育成，1988年通过浙江省审定，并在当年获得浙江省科学技术进步奖三等奖。早熟优质食用品种。适合鲜食。

【濒危状况及保护措施建议】台州等山区少量种植。建议异位妥善保存并育种利用。

42 浙紫薯1号

【学　名】Convolvulaceae（旋花科）*Ipomoea*（甘薯属）*Ipomoea batatas*（甘薯）。
【采集地】浙江省温州市苍南县。

【主要特征特性】匍匐株型，长蔓，最长蔓长197.8cm，分枝数5.7个，茎粗中等，茎直径5.8mm。顶芽绿色，茎顶端茸毛多。顶叶绿色，叶片心形带齿，叶主脉浅绿色，脉基紫色，叶柄绿色，叶柄长26.5cm，柄基绿色。茎绿色，节间长5.5cm。薯块纺锤形至长纺锤形，薯皮紫色，薯肉紫色，单株结薯4.3个。每亩鲜薯产量2046kg。干物质含量36.5%，淀粉含量25.4%，生薯鲜基可溶性糖含量4.6%，蒸熟后可溶性糖含量12.4%。每100g鲜薯花青素含量24.3mg。食味较优。耐贮性好。

【优异特性与利用价值】2005年浙江省农业科学院由宁紫薯1号与浙薯13杂交选育而成，2011年通过浙江省审定。高抗茎线虫病，抗根腐病和蔓割病，中抗黑斑病，综合抗性好。优质食用型紫薯。

【濒危状况及保护措施建议】浙江省杭州、台州、温州、宁波、衢州等多地均有种植。建议异位妥善保存。

43 诸暨南瓜番薯

【学　名】Convolvulaceae（旋花科）*Ipomoea*（甘薯属）*Ipomoea batatas*（甘薯）。
【采集地】浙江省绍兴市诸暨市。

【主要特征特性】匍匐株型，中长蔓，最长蔓长161.3cm，分枝数5.4个，茎粗中等偏细，茎直径5.2mm。顶芽绿色，茎顶端无茸毛。顶叶绿色，叶片心形，带齿或全缘，叶主脉绿色带紫斑，脉基紫色，叶柄绿色，叶柄长21.6cm，柄基绿色。茎绿色，节间长3.9cm。薯块纺锤形至短纺锤形，薯皮棕黄色，薯肉红色，单株结薯3.3个。每亩鲜薯产量2689kg。干物质含量26.3%，淀粉含量16.5%，生薯鲜基可溶性糖含量6.2%，蒸熟后可溶性糖含量12.1%，每100g鲜薯胡萝卜素含量5.1mg。食味优。耐贮性较好。

【优异特性与利用价值】优质食用品种，食味软、甜。适合鲜食与烤薯。

【濒危状况及保护措施建议】诸暨市少量种植。建议异位妥善保存并育种利用。

44 紫皮黄心

【学 名】Convolvulaceae（旋花科）*Ipomoea*（甘薯属）*Ipomoea batatas*（甘薯）。
【采集地】浙江省杭州市建德市。

【主要特征特性】半直立株型，短蔓，最长蔓长98.4cm，分枝数7.2个，茎粗较细，茎直径5.1mm。顶芽绿色，茎顶端茸毛中等。顶叶绿色，叶片中等复缺刻，叶主脉绿色，脉基浅紫色，叶柄绿色，叶柄长14.1cm，柄基绿色。茎绿色，节间长2.6cm。薯块纺锤形至短纺锤形，薯皮紫红色，薯肉橘黄色，单株结薯5.6个。每亩鲜薯产量2167kg。干物质含量28.8%，淀粉含量18.7%，生薯鲜基可溶性糖含量5.2%，蒸熟后可溶性糖含量11.4%，每100g鲜薯胡萝卜素含量2.3mg。食味优。耐贮性中等。

【优异特性与利用价值】优质食用品种，结薯个数多，薯形好。适合鲜食与淀粉加工。

【濒危状况及保护措施建议】建德市山区少量种植。建议异位妥善保存并育种利用。

第三节 饲用型甘薯

1 嘉善白心番薯

【学 名】Convolvulaceae（旋花科）*Ipomoea*（甘薯属）*Ipomoea batatas*（甘薯）。
【采集地】浙江省嘉兴市嘉善县。

【主要特征特性】匍匐株型，中长蔓，最长蔓长178.2cm，分枝数7.3个，茎粗中等，茎直径5.7mm。顶芽绿带褐色，茎顶端茸毛中等。顶叶绿带褐色，叶片浅复缺刻或心形带齿，叶主脉紫色，脉基深紫色，叶柄绿色，叶柄长20.9cm，柄基绿色。茎绿带紫斑，节间长3.7cm。薯块短纺锤形至上膨纺锤形，表皮有纵沟，薯皮红色，薯肉白色至淡黄色，单株结薯4.1个。每亩鲜薯产量2687kg。干物质含量25.3%，淀粉含量15.6%，生薯鲜基可溶性糖含量5.7%，蒸熟后可溶性糖含量7.9%。食味中等。耐贮性中等。

【优异特性与利用价值】有育种利用价值。

【濒危状况及保护措施建议】嘉善县少量种植。建议异位妥善保存。

第四节 兼用型甘薯

1 64-17 【学　名】Convolvulaceae（旋花科）*Ipomoea*（甘薯属）*Ipomoea batatas*（甘薯）。
【采集地】浙江省台州市黄岩区。

【主要特征特性】匍匐株型，中长蔓，最长蔓长162.3cm，分枝数6.4个，茎粗较细，茎直径4.9mm。顶芽绿带褐色，茎顶端茸毛少。顶叶绿带褐色，叶片浅复缺刻，叶主脉浅紫色，脉基紫色，叶柄绿色，叶柄长14.8cm，柄基紫色。茎紫红色，节间长3.7cm。薯块纺锤形，薯皮白色，薯肉白色至淡黄色，单株结薯3.1个。每亩鲜薯产量2087kg。干物质含量21.7%，淀粉含量12.5%，生薯鲜基可溶性糖含量6.9%，蒸熟后可溶性糖含量10.7%。食味较好。耐贮性中等。

【优异特性与利用价值】食味软、较甜。可用于鲜食。

【濒危状况及保护措施建议】台州市黄岩区少量种植。建议异位妥善保存。

2 潮薯1号

【学 名】Convolvulaceae（旋花科）Ipomoea（甘薯属）Ipomoea batatas（甘薯）。
【采集地】浙江省温州市苍南县。

【主要特征特性】半直立株型，短蔓，最长蔓长84.7cm，分枝数8.4个，茎粗中等，茎直径4.6mm。顶芽绿色，茎顶端无茸毛。顶叶绿色，叶片浅复缺刻，叶小，叶主脉浅紫色，脉基紫色，叶柄绿色，叶柄长16.3cm，柄基浅紫色。茎绿色，节间长2.4cm。薯块纺锤形，表皮有浅纵沟，薯皮黄色，薯肉黄色，单株结薯3.9个。每亩鲜薯产量2765kg。干物质含量21.8%，淀粉含量12.5%，生薯鲜基可溶性糖含量4.5%，蒸熟后可溶性糖含量7.9%。食味中等。耐贮性较好。

【优异特性与利用价值】20世纪60年代从广东省引入，曾是在温州地区推广的高产品种，有较好的育种利用价值。

【濒危状况及保护措施建议】温州、丽水等山区零星种植。建议异位妥善保存并育种利用。

3 东阳红皮黄心

【学　名】Convolvulaceae（旋花科）Ipomoea（甘薯属）Ipomoea batatas（甘薯）。
【采集地】浙江省金华市东阳市。

【主要特征特性】匍匐株型，长蔓，最长蔓长204.8cm，分枝数5.8个，茎粗中等，茎直径6.4mm。顶芽绿色，茎顶端茸毛多。顶叶绿色，叶片心形，全缘，叶主脉紫色，脉基深紫色，叶柄绿色，叶柄长21.6cm，柄基紫色。茎绿带紫斑，节间长5.7cm。薯块短纺锤形至纺锤形，表皮有浅纵沟，薯皮红色，薯肉橘黄色，单株结薯4.7个。每亩鲜薯产量1865kg。干物质含量34.6%，淀粉含量23.7%，生薯鲜基可溶性糖含量5.2%，蒸熟后可溶性糖含量12.7%，每100g鲜薯胡萝卜素含量1.4mg。食味较优。耐贮性较好。

【优异特性与利用价值】淀粉含量高。适合淀粉加工与鲜食。

【濒危状况及保护措施建议】东阳市少量农户种植。建议异位妥善保存与育种利用。

4 鸡爪番薯

【学 名】Convolvulaceae（旋花科）*Ipomoea*（甘薯属）*Ipomoea batatas*（甘薯）。
【采集地】浙江省杭州市淳安县。

【主要特征特性】直立株型，短蔓，最长蔓长92.3cm，分枝数8.2个，茎较细，茎直径5.2mm。顶芽绿带褐色，茎顶端无茸毛。顶叶绿带褐色，叶片深复缺刻，叶主脉绿色，脉基浅紫色，叶柄绿色，叶柄长15.5cm，柄基绿色。茎绿色，节间长3.1cm。薯块纺锤形，薯皮红色，薯肉红色，单株结薯4.4个。每亩鲜薯产量2890kg。干物质含量20.9%，淀粉含量11.8%，生薯鲜基可溶性糖含量6.0%，蒸熟后可溶性糖含量5.7%，每100g鲜薯胡萝卜素含量5.6mg。食味中等。耐贮性较好。当地农民认为该品种耐瘠性好。

【优异特性与利用价值】鲜薯胡萝卜素含量较高。作为亲本有育种利用价值。

【濒危状况及保护措施建议】淳安县山区零星种植。建议异位妥善保存。

5 宁海红皮黄心

【学 名】Convolvulaceae（旋花科）Ipomoea（甘薯属）Ipomoea batatas（甘薯）。

【采集地】浙江省宁波市宁海县。

【主要特征特性】半直立株型，短蔓，最长蔓长84.9cm，分枝数6.1个，茎粗较细，茎直径4.9mm。顶芽绿色，茎顶端茸毛中等。顶叶绿色，叶片心形，全缘或带齿，叶片大，叶主脉绿色，脉基紫色，叶柄绿色，叶柄长19.2cm，柄基浅紫色。茎绿色，节间长2.4cm。薯块纺锤形至上膨长纺锤形，薯皮红色，薯肉红色，单株结薯4.7个。每亩鲜薯产量1805kg。干物质含量21.8%，淀粉含量12.6%，生薯鲜基可溶性糖含量4.8%，蒸熟后可溶性糖含量8.7%，每100g鲜薯胡萝卜素含量3.1mg。食味较差。耐贮性中等。

【优异特性与利用价值】短蔓品种，株型好，中抗病毒病。

【濒危状况及保护措施建议】宁海县少量种植。建议异位妥善保存。

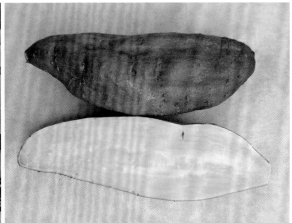

6 五四光

【学　名】Convolvulaceae（旋花科）Ipomoea（甘薯属）Ipomoea batatas（甘薯）。

【采集地】浙江省台州市三门县。

【主要特征特性】匍匐株型，长蔓，最长蔓长201.4cm，分枝数5.8个，茎粗中等，茎直径5.5mm。顶芽黄绿色，茎顶端茸毛少。顶叶绿带褐色，叶片尖心形，全缘或带齿，叶主脉浅紫色，脉基紫色，叶柄绿色，叶柄长19.4cm，柄基紫色。茎紫红色，节间长4.8cm。薯块短纺锤形至纺锤形，薯皮白色，薯肉白色，单株结薯3.3个。每亩鲜薯产量2648kg。干物质含量26.0%，淀粉含量16.2%，生薯鲜基可溶性糖含量6.9%，蒸熟后可溶性糖含量8.7%。食味较优。耐贮性较好。

【优异特性与利用价值】鲜薯产量高。有育种利用价值。

【濒危状况及保护措施建议】三门县少量种植。建议异位妥善保存。

7 浙薯13
【学　名】Convolvulaceae（旋花科）Ipomoea（甘薯属）Ipomoea batatas（甘薯）。
【采集地】浙江省宁波市奉化区。

【主要特征特性】匍匐株型，长蔓，最长蔓长214.5cm，分枝数7.2个，茎粗中等，茎直径6.3mm。顶芽黄绿色，茎顶端茸毛少。顶叶绿带褐色，叶片心形，带齿，叶主脉浅紫色，脉基紫色，叶柄绿色，叶柄长24.2cm，柄基绿色。茎绿色，节间长5.2cm。薯块纺锤形，薯皮红色，薯肉橘黄色，单株结薯3.7个。每亩鲜薯产量2207kg。干物质含量36.4%，淀粉含量25.3%，生薯鲜基可溶性糖含量5.7%，蒸熟后可溶性糖含量17.9%，每100g鲜薯胡萝卜素含量2.2mg。食味优。耐贮性较好。

【优异特性与利用价值】1994年浙江省农业科学院以浙薯81为母本、浙薯255为父本杂交选育而成，2005年通过浙江省审定。淀粉率高，糖化快，薯形美观。适合鲜食、淀粉及薯脯加工。

【濒危状况及保护措施建议】浙江省主导品种，已有20余年示范推广历史，市场接受度高。本次调查从奉化、磐安、仙居、桐乡采集样本6份，又名鸭蛋黄、黄心番薯、红皮栗番薯。建议加强脱毒种的推广。

8 梓桐黄心

【学 名】Convolvulaceae（旋花科）*Ipomoea*（甘薯属）*Ipomoea batatas*（甘薯）。
【采集地】浙江省杭州市淳安县。

【主要特征特性】匍匐株型，中蔓，最长蔓长134.1cm，分枝数7.6个，茎粗中等，茎直径7.2mm。顶芽绿色，茎顶端无茸毛。顶叶绿色，叶片浅多缺刻，叶主脉浅紫，脉基紫色，叶柄绿色，叶柄长27.6cm，柄基绿色。茎绿色，节间长3.6cm。薯块下膨纺锤形，薯皮红色，薯肉橘黄色，单株结薯3.6个。每亩鲜薯产量2327kg。干物质含量35.2%，淀粉含量24.3%，生薯鲜基可溶性糖含量4.1%，蒸熟后可溶性糖含量16.0%，每100g鲜薯胡萝卜素含量1.7mg。食味优。耐贮性较好。

【优异特性与利用价值】优质兼用型品种。适合鲜食与淀粉、薯脯加工。

【濒危状况及保护措施建议】淳安县山区少量种植。建议异位妥善保存并育种利用。

第 九 章

浙江省马铃薯种质资源

第一节　鲜食马铃薯

1 白花扁芋　【学　名】Solanaceae（茄科）*Solanum*（茄属）*Solanum tuberosum*（马铃薯）。
　　　　　　　　【采集地】浙江省温州市泰顺县。

【主要特征特性】中熟小薯型品种。半直立株型，植株繁茂性强，株高84.8cm，茎粗8.3mm，主茎数5.8个。茎色绿色，茎翼直形，茎横截面三棱形，分枝数少。叶色绿色，叶缘平展，小叶大小中等，顶小叶椭圆形，小叶着生密集度中等。自然开花量中等，花冠白色。单株结薯数13.4个，结薯较集中整齐。薯块圆形至椭圆形，黄皮黄肉，芽眼深。每亩鲜薯产量1869kg。干物质含量20.2%，淀粉含量14.7%。蒸煮食味优。

【优异特性与利用价值】优质食用品种。有生产和育种利用价值。

【濒危状况及保护措施建议】泰顺县少量种植。建议异位妥善保存，加强种质鉴定、脱毒种应用和育种利用。

2 白肉洋芋

【学　名】Solanaceae（茄科）Solanum（茄属）Solanum tuberosum（马铃薯）。

【采集地】浙江省杭州市淳安县。

【主要特征特性】中早熟中薯型品种。直立株型，植株繁茂性强，株高48.7cm，茎粗8.1mm，主茎数5.4个。茎色绿色，茎翼直形，茎横截面三棱形，分枝数少。叶色浅绿色，叶缘平展，小叶大小中等，顶小叶椭圆形，小叶着生密集度中等。自然开花量少，花冠浅紫色。单株结薯数10.5个，结薯较集中整齐。薯块椭圆形至长方形，浅黄皮白肉，芽眼较浅。每亩鲜薯产量1805kg。干物质含量18.6%，淀粉含量12.9%。蒸煮食味中等。

【优异特性与利用价值】抗病毒病。有育种利用价值。

【濒危状况及保护措施建议】淳安县山区少量种植。建议异位妥善保存。

3 扁籽马铃薯

【学 名】Solanaceae（茄科）Solanum（茄属）Solanum tuberosum（马铃薯）。

【采集地】浙江省金华市磐安县。

【主要特征特性】中早熟大薯型品种。半直立株型，植株繁茂性中等，株高52.4cm，茎粗8.8mm，主茎数2.9个。茎色绿色，茎翼直形，茎横截面三棱形，分枝数少。叶色绿色，叶缘微波，小叶大，顶小叶椭圆形，小叶着生密集度中等。自然开花量多，花冠浅紫色。单株结薯数6.7个，结薯较集中整齐。薯块扁椭圆形至纺锤形，浅黄皮白肉，芽眼浅。每亩鲜薯产量1258kg。干物质含量18.4%，淀粉含量12.7%。蒸煮食味中等。

【优异特性与利用价值】食、菜兼用。有育种利用价值。

【濒危状况及保护措施建议】磐安县少量种植。建议异位妥善保存。

4 常山马铃薯

【学　名】Solanaceae（茄科）*Solanum*（茄属）*Solanum tuberosum*（马铃薯）。
【采集地】浙江省衢州市常山县。

【主要特征特性】中熟小薯型品种。半直立株型，植株繁茂性强，株高69.7cm，茎粗7.2mm，主茎数4.1个。茎色绿色，茎翼直形，茎横截面三棱形，分枝数少。叶色绿色，叶缘平展，小叶大小中等，顶小叶椭圆形，小叶着生密集度中等。自然开花量少，花冠白色。单株结薯数13.3个，结薯较集中整齐。薯块圆形至椭圆形，黄皮黄肉，芽眼中等深。每亩鲜薯产量1383kg。干物质含量23.7%，淀粉含量18.0%。蒸煮食味优。

【优异特性与利用价值】优质食用品种。有生产和育种利用价值。

【濒危状况及保护措施建议】常山县零星种植。建议异位妥善保存并育种利用。

5 淳安黄皮

【学 名】Solanaceae（茄科）*Solanum*（茄属）*Solanum tuberosum*（马铃薯）。

【采集地】浙江省杭州市淳安县。

【主要特征特性】中熟小薯型品种。半直立株型，植株繁茂性强，株高77.4cm，茎粗6.8mm，主茎数5.3个。茎色绿色，茎翼直形，茎横截面三棱形，分枝数少。叶色绿色，叶缘平展，小叶大小中等，顶小叶椭圆形，小叶着生密集度中等。自然开花量少，花冠白色。单株结薯数12.6个，结薯较集中整齐。薯块圆形至椭圆形，黄皮黄肉，芽眼中等深。每亩鲜薯产量1477kg。干物质含量22.2%，淀粉含量16.4%。蒸煮食味优。

【优异特性与利用价值】优质食用品种。有生产与育种利用价值。

【濒危状况及保护措施建议】淳安县山区零星种植。建议异位妥善保存并加强脱毒种应用。

6 慈溪洋芋艿
【学　名】Solanaceae（茄科）*Solanum*（茄属）*Solanum tuberosum*（马铃薯）。
【采集地】浙江省宁波市慈溪市。

【主要特征特性】中熟小薯型品种。半直立株型，植株繁茂性强，株高76.2cm，茎粗7.6mm，主茎数5.3个。茎色绿色，茎翼直形，茎横截面三棱形，分枝数少。叶色绿色，叶缘平展，小叶大小中等，顶小叶椭圆形，小叶着生密集度中等。单株结薯数11.4个，结薯较集中整齐。薯块圆形至椭圆形，黄皮黄肉，芽眼中等深。每亩鲜薯产量1178kg。干物质含量23.7%，淀粉含量18.0%。蒸煮食味优。

【优异特性与利用价值】优质食用品种。有育种利用价值。

【濒危状况及保护措施建议】慈溪市零星种植。建议异位妥善保存。

7 大均马铃薯

【学 名】Solanaceae（茄科）Solanum（茄属）Solanum tuberosum（马铃薯）。
【采集地】浙江省丽水市景宁畲族自治县。

【主要特征特性】中熟小薯型品种。直立株型，植株繁茂性强，株高67.8cm，茎粗10.0mm，主茎数3.0个。茎色绿色，茎翼直形，茎横截面三棱形，分枝数多。叶色绿色，叶缘平展，小叶大小中等，顶小叶宽形，小叶着生密集度疏。自然开花量少，花冠白色。单株结薯数13.2个，结薯较集中整齐。薯块圆形至卵圆形，黄皮黄肉，芽眼中等深。每亩鲜薯产量903kg。干物质含量19.8%，淀粉含量14.0%。蒸煮食味优。

【优异特性与利用价值】优质食用品种。有育种利用价值。

【濒危状况及保护措施建议】景宁畲族自治县少量种植。建议异位妥善保存。

8 大莱洋芋

【学　名】Solanaceae（茄科）*Solanum*（茄属）*Solanum tuberosum*（马铃薯）。
【采集地】浙江省金华市武义县。

【主要特征特性】中熟小薯型品种。半直立株型，植株繁茂性强，株高69.4cm，茎粗7.2mm，主茎数4.2个。茎色绿色，茎翼直形，茎横截面三棱形，分枝数少。叶色浅绿色，叶缘平展，小叶大小中等，顶小叶宽形，小叶着生密集度中等。单株结薯数13.8个，结薯较集中整齐。薯块圆形至卵圆形，黄皮黄肉，芽眼中等深。每亩鲜薯产量1110kg。干物质含量22.6%，淀粉含量16.8%。蒸煮食味优。
【优异特性与利用价值】优质食用品种。有育种利用价值。
【濒危状况及保护措施建议】武义县山区少量种植。建议异位妥善保存并育种利用。

9 大麦黄

【学　名】Solanaceae（茄科）*Solanum*（茄属）*Solanum tuberosum*（马铃薯）。
【采集地】浙江省绍兴市诸暨市。

【主要特征特性】中早熟小薯型品种。直立株型，植株繁茂性强，株高37.6cm，茎粗9.2mm，主茎数3.2个。茎色绿色，茎翼微波形，茎横截面三棱形，分枝数少。叶色浅绿色，叶缘微波，小叶较大，顶小叶宽形，小叶着生密集度中等。单株结薯数12.1个，结薯较集中整齐。薯块圆形至卵圆形，黄皮浅黄肉，芽眼浅。每亩鲜薯产量905kg。干物质含量24.7%，淀粉含量18.9%。蒸煮食味优。

【优异特性与利用价值】优质食用品种。有育种利用价值。

【濒危状况及保护措施建议】诸暨市零星种植。建议异位妥善保存并育种利用。

10 大门马铃薯
【学　名】Solanaceae（茄科）Solanum（茄属）Solanum tuberosum（马铃薯）。
【采集地】浙江省温州市洞头区。

【主要特征特性】中熟小薯型品种。半直立株型，植株繁茂性强，株高75.3cm，茎粗7.2mm，主茎数5.1个。茎色绿色，茎翼直形，茎横截面三棱形，分枝数少。叶色绿色，叶缘平展，小叶大小中等，顶小叶椭圆形，小叶着生密集度中等。自然开花量中等，花冠白色略带浅紫色。单株结薯数13.2个，结薯较集中整齐。薯块圆形至椭圆形，黄皮深黄肉，芽眼红色，中等深。每亩鲜薯产量1026kg。干物质含量23.3%，淀粉含量17.6%。蒸煮食味优。

【优异特性与利用价值】优质食用品种。有生产和育种利用价值。

【濒危状况及保护措施建议】温州市洞头区零星种植。建议异位妥善保存并育种利用。

11 德清马铃薯

【学 名】Solanaceae（茄科）*Solanum*（茄属）*Solanum tuberosum*（马铃薯）。
【采集地】浙江省湖州市德清县。

【主要特征特性】中早熟小薯型品种。直立株型，植株繁茂性中等，株高43.2cm，茎粗7.5mm，主茎数4.3个。茎色绿色，茎翼直形，茎横截面三棱形，分枝数少。叶色绿色，叶缘平展，小叶大小中等，顶小叶椭圆形，小叶着生密集度中等。单株结薯数12.8个，结薯较集中整齐。薯块圆形至椭圆形，黄皮黄肉，芽眼中等深。每亩鲜薯产量862kg。干物质含量22.6%，淀粉含量16.9%。蒸煮食味优。

【优异特性与利用价值】优质食用品种。有育种利用价值。

【濒危状况及保护措施建议】德清县零星种植。建议异位妥善保存。

12 登杆土豆

【学　名】Solanaceae（茄科）Solanum（茄属）Solanum tuberosum（马铃薯）。
【采集地】浙江省宁波市奉化区。

【主要特征特性】中熟小薯型品种。半直立株型，植株繁茂性强，株高79.1cm，茎粗7.8mm，主茎数4.7个。茎色绿色，茎翼直形，茎横截面三棱形，分枝数少。叶色绿色，叶缘平展，小叶大小中等，顶小叶椭圆形，小叶着生密集度中等。单株结薯数12.3个，结薯较集中整齐。薯块圆形至椭圆形，黄皮黄肉，芽眼中等深。每亩鲜薯产量1621kg。干物质含量23.9%，淀粉含量18.1%。蒸煮食味优。

【优异特性与利用价值】优质食用品种。有生产与育种利用价值。

【濒危状况及保护措施建议】宁波市奉化区零星种植。建议异位妥善保存，加强种质鉴定、脱毒种应用和育种利用。

13 定海大黄种

【学　名】Solanaceae（茄科）Solanum（茄属）Solanum tuberosum（马铃薯）。
【采集地】浙江省舟山市定海区。

【主要特征特性】中熟中薯型品种。直立株型，植株繁茂性强，株高72.5cm，茎粗7.5mm，主茎数3.2个。茎色绿色，茎翼直形，茎横截面三棱形，分枝数中等。叶色绿色，叶缘平展，小叶较大，顶小叶椭圆形，小叶着生密集度中等。单株结薯数9.6个，结薯较集中整齐。薯块圆形至椭圆形，黄皮深黄肉，芽眼浅。每亩鲜薯产量943kg。干物质含量23.6%，淀粉含量17.9%。蒸煮食味优。

【优异特性与利用价值】优质食用品种。有育种利用价值。

【濒危状况及保护措施建议】舟山市定海区零星种植。建议异位妥善保存。

14 东仓种

【学　名】Solanaceae（茄科）Solanum（茄属）Solanum tuberosum（马铃薯）。
【采集地】浙江省宁波市宁海县。

【主要特征特性】中熟小薯型品种。半直立株型，植株繁茂性强，株高76.8cm，茎粗7.3mm，主茎数3.9个。茎色绿色，茎翼直形，茎横截面三棱形，分枝数少。叶色绿色，叶缘平展，小叶大小中等，顶小叶椭圆形，小叶着生密集度中等。自然开花量较少，花冠白色。单株结薯数13.4个，结薯较集中整齐。薯块圆形至椭圆形，黄皮黄肉，芽眼中等深。每亩鲜薯产量1352kg。干物质含量23.6%，淀粉含量17.8%。蒸煮食味优。

【优异特性与利用价值】优质食用品种。有生产和育种利用价值。

【濒危状况及保护措施建议】宁海县各乡镇均种植。建议异位妥善保存，加强种质鉴定、脱毒种应用和育种利用。

15 东阳马铃薯
【学　名】Solanaceae（茄科）Solanum（茄属）Solanum tuberosum（马铃薯）。
【采集地】浙江省金华市东阳市。

【主要特征特性】中早熟小薯型品种。半直立株型，植株繁茂性强，株高78.4cm，茎粗7.1mm，主茎数4.3个。茎色绿色，茎翼直形，茎横截面三棱形，分枝数少。叶色绿色，叶缘平展，小叶大小中等，顶小叶椭圆形，小叶着生密集度中等。自然开花量少，花冠白色。单株结薯数13.5个，结薯较集中整齐。薯块圆形至椭圆形，黄皮黄肉，芽眼中等深。每亩鲜薯产量1354kg。干物质含量22.7%，淀粉含量17.0%。蒸煮食味优。

【优异特性与利用价值】优质食用品种。有生产和育种利用价值。

【濒危状况及保护措施建议】东阳市零星种植。建议异位妥善保存，加强种质鉴定、脱毒种应用和育种利用。

16 贵坑土豆

【学　名】Solanaceae（茄科）*Solanum*（茄属）*Solanum tuberosum*（马铃薯）。
【采集地】浙江省温州市乐清市。

【主要特征特性】中熟小薯型品种。半直立株型，植株繁茂性强，株高64.5cm，茎粗8.2mm，主茎数2.9个。茎色绿色，茎翼微波形，茎横截面三棱形，分枝数多。叶色深绿色，叶缘平展，小叶大小中等，顶小叶椭圆形，小叶着生密集度中等。自然开花量少，花冠淡黄色。单株结薯数13.6个，结薯较集中整齐。薯块圆形至椭圆形，黄皮深黄肉，芽眼中等深。每亩鲜薯产量1348kg。干物质含量21.1%，淀粉含量15.4%。蒸煮食味优。

【优异特性与利用价值】优质食用品种。有生产和育种利用价值。

【濒危状况及保护措施建议】乐清市零星种植。建议异位妥善保存并育种利用。

17 河北洋芋

【学 名】Solanaceae（茄科）*Solanum*（茄属）*Solanum tuberosum*（马铃薯）。
【采集地】浙江省丽水市缙云县。

【主要特征特性】早熟中薯型品种。半直立株型，植株繁茂性强，株高84.6cm，茎粗9.1mm，主茎数4.8个。茎色绿色，茎翼直形，茎横截面三棱形，分枝数少。叶色绿色，叶缘平展，小叶大小中等，顶小叶椭圆形，小叶着生密集度中等。自然开花量少，花冠白色。单株结薯数11.6个，结薯较集中整齐。薯块圆形至椭圆形，黄皮黄肉，芽眼中等深。每亩鲜薯产量2216kg。干物质含量18.1%，淀粉含量12.4%。蒸煮食味中等。

【优异特性与利用价值】食、菜两用。有生产和育种利用价值。

【濒危状况及保护措施建议】缙云县少量种植。建议异位妥善保存，加强种质鉴定、脱毒种应用和育种利用。

18 河山马铃薯

【学 名】Solanaceae（茄科）Solanum（茄属）Solanum tuberosum（马铃薯）。
【采集地】浙江省嘉兴市桐乡市。

【主要特征特性】中熟小薯型品种。半直立株型，植株繁茂性中等，株高65.4cm，茎粗6.8mm，主茎数5.9个。茎色绿色，茎翼直形，茎横截面三棱形，分枝数少。叶色绿色，叶缘平展，小叶大小中等，顶小叶椭圆形，小叶着生密集度中等。单株结薯数13.4个，结薯较集中整齐。薯块圆形至椭圆形，黄皮黄肉，芽眼中等深。每亩鲜薯产量854kg。干物质含量23.1%，淀粉含量17.3%。蒸煮食味优。

【优异特性与利用价值】优质食用品种。有育种利用价值。

【濒危状况及保护措施建议】桐乡市零星种植。建议异位妥善保存。

19 花旗芋艿

【学　名】Solanaceae（茄科）Solanum（茄属）Solanum tuberosum（马铃薯）。

【采集地】浙江省宁波市余姚市。

【主要特征特性】中熟中薯型品种。半直立株型，植株繁茂性强，株高56.1cm，茎粗6.7mm，主茎数3.8个。茎色绿带紫色，茎翼直形，茎横截面三棱形，分枝数少。叶色绿色，叶缘平展，小叶大小中等，顶小叶椭圆形，小叶着生密集度中等。自然开花量较少，花冠白色。单株结薯数8.4个，结薯较集中整齐。薯块卵圆形至椭圆形，薯皮黄褐色，薯肉浅黄色，芽眼浅，表皮较粗糙。每亩鲜薯产量656kg。干物质含量23.6%，淀粉含量17.8%。蒸煮食味优，带芋艿糯性。

【优异特性与利用价值】优质食用品种。有育种利用价值。

【濒危状况及保护措施建议】余姚市山区少量种植。建议异位妥善保存并育种利用。

20 黄皮黄心

【学 名】Solanaceae（茄科）Solanum（茄属）Solanum tuberosum（马铃薯）。
【采集地】浙江省杭州市桐庐县。

【主要特征特性】中熟小薯型品种。半直立株型，植株繁茂性强，株高75.3cm，茎粗7.2mm，主茎数4.8个。茎色绿色，茎翼直形，茎横截面三棱形，分枝数少。叶色绿色，叶缘平展，小叶大小中等，顶小叶椭圆形，小叶着生密集度中等。单株结薯数13.2个，结薯较集中整齐。薯块圆形至椭圆形，黄皮黄肉，芽眼中等深。每亩鲜薯产量1316kg。干物质含量22.4%，淀粉含量16.6%。蒸煮食味优。

【优异特性与利用价值】优质食用品种。有育种利用价值。

【濒危状况及保护措施建议】桐庐县零星种植。建议异位妥善保存。

21 黄肉洋芋

【学　名】Solanaceae（茄科）Solanum（茄属）Solanum tuberosum（马铃薯）。
【采集地】浙江省杭州市淳安县。

【主要特征特性】中早熟中薯型品种。半直立株型，植株繁茂性强，株高76.5cm，茎粗8.4mm，主茎数5.7个。茎色绿色，茎翼直形，茎横截面三棱形，分枝数少。叶色绿色，叶缘平展，小叶大小中等，顶小叶椭圆形，小叶着生密集度中等。自然开花量少，花冠白色。单株结薯数14.2个，结薯较集中整齐。薯块圆形至椭圆形，黄皮黄肉，芽眼中等深。每亩鲜薯产量1843kg。干物质含量20.6%，淀粉含量14.8%。蒸煮食味优。

【优异特性与利用价值】优质食用品种。有生产与育种利用价值。

【濒危状况及保护措施建议】淳安县山区少量种植。建议异位妥善保存，加强种质鉴定、脱毒种应用和育种利用。

22 黄田马铃薯

【学　名】Solanaceae（茄科）Solanum（茄属）Solanum tuberosum（马铃薯）。

【采集地】浙江省丽水市庆元县。

【主要特征特性】中熟小薯型品种。半直立株型，植株繁茂性强，株高78.3cm，茎粗7.7mm，主茎数4.4个。茎色绿色，茎翼直形，茎横截面三棱形，分枝数少。叶色绿色，叶缘平展，小叶大小中等，顶小叶椭圆形，小叶着生密集度中等。单株结薯数12.3个，结薯较集中整齐。薯块圆形至椭圆形，黄皮黄肉，芽眼中等深。每亩鲜薯产量1801kg。干物质含量24.3%，淀粉含量18.6%。蒸煮食味优。

【优异特性与利用价值】优质食用品种。有生产与育种利用价值。

【濒危状况及保护措施建议】庆元县少量种植。建议异位妥善保存，加强脱毒种生产应用与育种利用。

23 黄岩大黄种

【学　名】Solanaceae（茄科）Solanum（茄属）Solanum tuberosum（马铃薯）。
【采集地】浙江省台州市黄岩区。

【主要特征特性】中熟中薯型品种。半直立株型，植株繁茂性强，株高74.6cm，茎粗7.7mm，主茎数2.6个。茎色绿色，茎翼直形，茎横截面三棱形，分枝数多。叶色绿色，叶缘平展，小叶大小中等，顶小叶椭圆形，小叶着生密集度中等。单株结薯数8.4个，结薯较集中整齐。薯块圆形至椭圆形，黄皮黄肉，芽眼浅。每亩鲜薯产量1076kg。干物质含量23.8%，淀粉含量18.1%。蒸煮食味优。

【优异特性与利用价值】优质食用品种。有育种利用价值。

【濒危状况及保护措施建议】台州市黄岩区零星种植。建议异位妥善保存。

24 黄洋芋

【学 名】Solanaceae（茄科）Solanum（茄属）Solanum tuberosum（马铃薯）。
【采集地】浙江省台州市仙居县。

【主要特征特性】中熟中薯型品种。半直立株型，植株繁茂性强，株高73.6cm，茎粗8.1mm，主茎数6.3个。茎色绿色，茎翼微波形，茎横截面三棱形，分枝数少。叶色绿色，叶缘平展，小叶大小中等，顶小叶椭圆形，小叶着生密集度疏。单株结薯数10.4个，结薯较集中整齐。薯块圆形至椭圆形，黄皮黄肉，芽眼中等深。每亩鲜薯产量1169kg。干物质含量24.9%，淀粉含量19.2%。蒸煮食味优。

【优异特性与利用价值】优质食用品种。有育种利用价值。

【濒危状况及保护措施建议】仙居县少量种植。建议异位妥善保存。

25 嘉善马铃薯

【学　名】Solanaceae（茄科）*Solanum*（茄属）*Solanum tuberosum*（马铃薯）。

【采集地】浙江省嘉兴市嘉善县。

【主要特征特性】中熟小薯型品种。半直立株型，植株繁茂性强，株高69.4cm，茎粗6.8mm，主茎数5.2个。茎色绿色，茎翼直形，茎横截面三棱形，分枝数少。叶色绿色，叶缘平展，小叶大小中等，顶小叶椭圆形，小叶着生密集度中等。单株结薯数12.7个，结薯较集中整齐。薯块圆形至椭圆形，黄皮黄肉，芽眼中等深。每亩鲜薯产量729kg。干物质含量23.4%，淀粉含量17.6%。蒸煮食味优。

【优异特性与利用价值】优质食用品种。有育种利用价值。

【濒危状况及保护措施建议】嘉善县零星种植。建议异位妥善保存。

26 建德土豆

【学　名】Solanaceae（茄科）Solanum（茄属）Solanum tuberosum（马铃薯）。

【采集地】浙江省杭州市建德市。

【主要特征特性】中熟小薯型品种。半直立株型，植株繁茂性强，株高76.2cm，茎粗7.8mm，主茎数5.1个。茎色绿色，茎翼直形，茎横截面三棱形，分枝数少。叶色绿色，叶缘平展，小叶大小中等，顶小叶椭圆形，小叶着生密集度中等。自然开花量少，花冠白色。单株结薯数13.2个，结薯较集中整齐。薯块圆形至椭圆形，黄皮黄肉，芽眼中等深。每亩鲜薯产量1313kg。干物质含量23.3%，淀粉含量17.6%。蒸煮食味优。

【优异特性与利用价值】优质食用品种。有育种利用价值。

【濒危状况及保护措施建议】建德市零星种植。建议异位妥善保存。

27 缙云猪腰洋芋

【学　名】Solanaceae（茄科）Solanum（茄属）Solanum tuberosum（马铃薯）。
【采集地】浙江省丽水市缙云县。

【主要特征特性】中早熟中薯型品种。半直立株型，植株繁茂性强，株高78.9cm，茎粗7.8mm，主茎数4.6个。茎色绿带紫斑，茎翼直形，茎横截面三棱形，分枝数少。叶色深绿色，叶缘平展，小叶较大，顶小叶宽形，小叶着生密集度中等。自然开花量少，花冠淡紫色。单株结薯数12.8个，结薯较集中整齐。薯块椭圆形至长方形，浅黄皮浅黄肉，芽眼浅。每亩鲜薯产量1886kg。干物质含量18.2%，淀粉含量12.5%。蒸煮食味优。

【优异特性与利用价值】食、菜两用，优质。有生产和育种利用价值。

【濒危状况及保护措施建议】缙云县少量种植。建议异位妥善保存，加强种质鉴定、脱毒种应用和育种利用。

28 景宁土豆　【学　名】Solanaceae（茄科）Solanum（茄属）Solanum tuberosum（马铃薯）。
【采集地】浙江省丽水市景宁畲族自治县。

【主要特征特性】中早熟小薯型品种。半直立株型，植株繁茂性强，株高72.8cm，茎粗7.1mm，主茎数4.8个。茎色绿色，茎翼直形，茎横截面三棱形，分枝数少。叶色绿色，叶缘平展，小叶大小中等，顶小叶椭圆形，小叶着生密集度中等。自然开花量少，花冠白色。单株结薯数10.9个，结薯较集中整齐。薯块圆形至椭圆形，黄皮黄肉，芽眼中等深。每亩鲜薯产量1476kg。干物质含量22.9%，淀粉含量17.1%。蒸煮食味优。

【优异特性与利用价值】优质食用品种。有生产与育种利用价值。

【濒危状况及保护措施建议】景宁畲族自治县山区零星种植。建议异位妥善保存并加强脱毒种应用。

29 鸠甫洋芋

【学　名】Solanaceae（茄科）Solanum（茄属）Solanum tuberosum（马铃薯）。
【采集地】浙江省杭州市临安区。

【主要特征特性】中熟小薯型品种。半直立株型，植株繁茂性中等，株高62.8cm，茎粗6.7mm，主茎数3.3个。茎色绿色，茎翼直形，茎横截面三棱形，分枝数多。叶色绿色，叶缘微波。小叶大小中等，顶小叶椭圆形，小叶着生密集度疏。单株结薯数11.6个，结薯较集中整齐。薯块圆形至椭圆形，黄皮黄肉，芽眼中等深。每亩鲜薯产量684kg。干物质含量23.5%，淀粉含量17.8%。蒸煮食味优。

【优异特性与利用价值】优质食用品种。有育种利用价值。

【濒危状况及保护措施建议】杭州市临安区零星种植。建议异位妥善保存。

30 开化马铃薯

【学 名】Solanaceae（茄科）Solanum（茄属）Solanum tuberosum（马铃薯）。
【采集地】浙江省衢州市开化县。

【主要特征特性】中熟小薯型品种。直立株型，植株繁茂性强，株高78.5cm，茎粗8.1mm，主茎数3.3个。茎色绿色，茎翼直形，茎横截面三棱形，分枝数多。叶色绿色，叶缘平展，小叶大小中等，顶小叶椭圆形，小叶着生密集度中等。自然开花量少，花冠白色。单株结薯数13.2个，结薯较集中整齐。薯块圆形至椭圆形，黄皮黄肉，芽眼中等深。每亩鲜薯产量1113kg。干物质含量24.4%，淀粉含量18.6%。蒸煮食味优。

【优异特性与利用价值】优质食用品种。有育种利用价值。

【濒危状况及保护措施建议】开化县零星种植。建议异位妥善保存。

31 柯城马铃薯

【学 名】Solanaceae（茄科）Solanum（茄属）Solanum tuberosum（马铃薯）。

【采集地】浙江省衢州市柯城区。

【主要特征特性】中熟小薯型品种。半直立株型，植株繁茂性中等，株高61.5cm，茎粗7.2mm，主茎数3.2个。茎色绿色，茎翼直形，茎横截面三棱形，分枝数少。叶色绿色，叶缘平展，小叶大小中等，顶小叶椭圆形，小叶着生密集度中等。单株结薯数10.4个，结薯较集中整齐。薯块圆形至椭圆形，黄皮黄肉，芽眼中等深。每亩鲜薯产量1024kg。干物质含量20.8%，淀粉含量15.1%。蒸煮食味优。

【优异特性与利用价值】优质食用品种。有育种利用价值。

【濒危状况及保护措施建议】衢州市柯城区零星种植。建议异位妥善保存。

32 立夏黄

【学　名】Solanaceae（茄科）Solanum（茄属）Solanum tuberosum（马铃薯）。
【采集地】浙江省杭州市富阳区。

【主要特征特性】中熟小薯型品种。半直立株型，植株繁茂性强，株高71.2cm，茎粗7.2mm，主茎数4.6个。茎色绿色，茎翼直形，茎横截面三棱形，分枝数少。叶色绿色，叶缘平展，小叶大小中等，顶小叶椭圆形，小叶着生密集度中等。单株结薯数11.3个，结薯较集中整齐。薯块圆形至椭圆形，黄皮黄肉，芽眼中等深。每亩鲜薯产量1024kg。干物质含量23.3%，淀粉含量17.6%。蒸煮食味优。

【优异特性与利用价值】优质食用品种。有育种利用价值。

【濒危状况及保护措施建议】杭州市富阳区零星种植。建议异位妥善保存。

33 莲都洋芋

【学　名】Solanaceae（茄科）Solanum（茄属）Solanum tuberosum（马铃薯）。
【采集地】浙江省丽水市莲都区。

【主要特征特性】中早熟小薯型品种。半直立株型，植株繁茂性强，株高83.4cm，茎粗8.2mm，主茎数5.4个。茎色绿色，茎翼直形，茎横截面三棱形，分枝数少。叶色绿色，叶缘平展，小叶大小中等，顶小叶椭圆形，小叶着生密集度疏。自然开花量少，花冠白色。单株结薯数13.7个，结薯较集中整齐。薯块圆形至椭圆形，黄皮深黄肉，芽眼中等深。每亩鲜薯产量1703kg。干物质含量21.4%，淀粉含量15.7%。蒸煮食味优。

【优异特性与利用价值】优质食用品种。有生产和育种利用价值。

【濒危状况及保护措施建议】丽水市莲都区零星种植。建议异位妥善保存，加强种质鉴定、脱毒种应用和育种利用。

34 梁山种

【学 名】Solanaceae（茄科）Solanum（茄属）Solanum tuberosum（马铃薯）。
【采集地】浙江省台州市仙居县。

【主要特征特性】中熟中薯型品种。半直立株型，植株繁茂性中等，株高56.1cm，茎粗7.1mm，主茎数5.0个。茎色绿色，茎翼直形，茎横截面三棱形，分枝数少。叶色绿色，叶缘平展，小叶较大，顶小叶椭圆形，小叶着生密集度中等。单株结薯数9.4个，结薯较集中整齐。薯块圆形至椭圆形，黄皮黄肉，芽眼中等深。每亩鲜薯产量1112kg。干物质含量25.1%，淀粉含量19.3%。蒸煮食味优。

【优异特性与利用价值】优质食用品种。有育种利用价值。

【濒危状况及保护措施建议】仙居县少量种植。建议异位妥善保存。

35 柳城洋芋

【学　名】Solanaceae（茄科）*Solanum*（茄属）*Solanum tuberosum*（马铃薯）。

【采集地】浙江省金华市武义县。

【主要特征特性】中熟小薯型品种。半直立株型，植株繁茂性强，株高74.8cm，茎粗7.4mm，主茎数3.6个。茎色深绿色，茎翼直形，茎横截面三棱形，分枝数中等。叶色绿色，叶缘平展，小叶大小中等，顶小叶椭圆形，小叶着生密集度中等。单株结薯数11.9个，结薯较集中整齐。薯块圆形至椭圆形，黄皮黄肉，芽眼中等深。每亩鲜薯产量1365kg。干物质含量23.8%，淀粉含量18.1%。蒸煮食味优。

【优异特性与利用价值】优质食用品种。有育种利用价值。

【濒危状况及保护措施建议】武义县零星种植。建议异位妥善保存。

36 龙游马铃薯

【学　名】Solanaceae（茄科）*Solanum*（茄属）*Solanum tuberosum*（马铃薯）。

【采集地】浙江省衢州市龙游县。

【主要特征特性】中熟小薯型品种。半直立株型，植株繁茂性强，株高72.1cm，茎粗7.3mm，主茎数4.8个。茎色绿色，茎翼直形，茎横截面三棱形，分枝数少。叶色绿色，叶缘平展，小叶大小中等，顶小叶椭圆形，小叶着生密集度中等。单株结薯数13.7个，结薯较集中整齐。薯块圆形至椭圆形，黄皮黄肉，芽眼中等深。每亩鲜薯产量1234kg。干物质含量23.4%，淀粉含量17.7%。蒸煮食味优。

【优异特性与利用价值】优质食用品种。有育种利用价值。

【濒危状况及保护措施建议】龙游县零星种植。建议异位妥善保存。

37 麻铺种

【学　名】Solanaceae（茄科）*Solanum*（茄属）*Solanum tuberosum*（马铃薯）。

【采集地】浙江省金华市武义县。

【主要特征特性】中熟小薯型品种。半直立株型，植株繁茂性强，株高78.3cm，茎粗7.7mm，主茎数4.8个。茎色绿色，茎翼直形，茎横截面三棱形，分枝数少。叶色绿色，叶缘平展，小叶大小中等，顶小叶椭圆形，小叶着生密集度中等。单株结薯数12.8个，结薯较集中整齐。薯块圆形至椭圆形，黄皮黄肉，芽眼深。每亩鲜薯产量1292kg。干物质含量24.5%，淀粉含量18.8%。蒸煮食味优。

【优异特性与利用价值】优质食用品种。有生产与育种利用价值。

【濒危状况及保护措施建议】武义县零星种植。建议异位妥善保存并育种利用。

38 蘑菇洋芋
【学 名】Solanaceae（茄科）Solanum（茄属）Solanum tuberosum（马铃薯）。
【采集地】浙江省台州市仙居县。

【主要特征特性】中熟小薯型品种。半直立株型，植株繁茂性强，株高51.2cm，茎粗8.2mm，主茎数2.1个。茎色绿色，茎翼直形，茎横截面三棱形，分枝数多。叶色绿色，叶缘平展，小叶大小中等，顶小叶椭圆形，小叶着生密集度中等。单株结薯数9.6个，结薯较集中整齐。薯块圆形至椭圆形，黄皮黄肉，芽眼中等深。每亩鲜薯产量849kg。干物质含量23.2%，淀粉含量17.4%。蒸煮食味优。

【优异特性与利用价值】优质食用品种。有育种利用价值。

【濒危状况及保护措施建议】仙居县少量种植。建议异位妥善保存。

39 南阳马铃薯
【学 名】Solanaceae（茄科）Solanum（茄属）Solanum tuberosum（马铃薯）。
【采集地】浙江省湖州市长兴县。

【主要特征特性】中熟小薯型品种。半直立株型，植株繁茂性中等，株高71.5cm，茎粗6.7mm，主茎数6.8个。茎色绿色，茎翼直形，茎横截面三棱形，分枝数少。叶色绿色，叶缘平展，小叶大小中等，顶小叶椭圆形，小叶着生密集度中等。单株结薯数13.6个，结薯较集中整齐。薯块圆形至椭圆形，黄皮黄肉，芽眼中等深。每亩鲜薯产量976kg。干物质含量23.4%，淀粉含量17.6%。蒸煮食味优。

【优异特性与利用价值】优质食用品种。有育种利用价值。

【濒危状况及保护措施建议】长兴县零星种植。建议异位妥善保存。

40 南庄马铃薯

【学　名】Solanaceae（茄科）*Solanum*（茄属）*Solanum tuberosum*（马铃薯）。

【采集地】浙江省嘉兴市桐乡市。

【主要特征特性】中熟小薯型品种。半直立株型，植株繁茂性中等，株高64.5cm，茎粗6.4mm，主茎数4.6个。茎色绿色，茎翼直形，茎横截面三棱形，分枝数少。叶色绿色，叶缘平展，小叶大小中等，顶小叶椭圆形，小叶着生密集度中等。单株结薯数11.6个，结薯较集中整齐。薯块圆形至卵圆形，黄皮黄肉，芽眼浅。每亩鲜薯产量563kg。干物质含量22.7%，淀粉含量16.9%。蒸煮食味优。

【优异特性与利用价值】优质食用品种。有育种利用价值。

【濒危状况及保护措施建议】桐乡市零星种植。建议异位妥善保存。

41 宁海洋芋

【学　名】Solanaceae（茄科）Solanum（茄属）Solanum tuberosum（马铃薯）。

【采集地】浙江省宁波市宁海县。

【主要特征特性】中熟小薯型品种。半直立株型，植株繁茂性强，株高62.3cm，茎粗6.1mm，主茎数4.7个。茎色绿色，茎翼直形，茎横截面三棱形，分枝数少。叶色绿色，叶缘平展，小叶大小中等，顶小叶椭圆形，小叶着生密集度中等。单株结薯数9.2个，结薯较集中整齐。薯块圆形至椭圆形，黄皮黄肉，芽眼中等深。每亩鲜薯产量657kg。干物质含量20.8%，淀粉含量15.0%。蒸煮食味优。

【优异特性与利用价值】优质食用品种。有育种利用价值。

【濒危状况及保护措施建议】宁海县零星种植。建议异位妥善保存。

42 瓯海土豆
【学 名】Solanaceae（茄科）Solanum（茄属）Solanum tuberosum（马铃薯）。
【采集地】浙江省温州市瓯海区。

【主要特征特性】中早熟大薯型品种。半直立株型，植株繁茂性中等，株高53.7cm，茎粗7.6mm，主茎数1.8个。茎色绿色，茎翼微波形，茎横截面三棱形，分枝数中等。叶色绿色，叶缘波状，小叶大，顶小叶宽形，小叶着生密集度密。单株结薯数8.1个，结薯较集中整齐。薯块椭圆形至长方形，黄皮黄肉，芽眼浅。每亩鲜薯产量1178kg。干物质含量18.6%，淀粉含量12.9%。蒸煮食味中等。

【优异特性与利用价值】食、菜兼用。有育种利用价值。

【濒危状况及保护措施建议】温州市瓯海区零星种植。建议异位妥善保存。

43 磐安小黄皮

【学　名】Solanaceae（茄科）*Solanum*（茄属）*Solanum tuberosum*（马铃薯）。
【采集地】浙江省金华市磐安县。

【主要特征特性】中熟小薯型品种。半直立株型，植株繁茂性强，株高74.4cm，茎粗7.2mm，主茎数4.1个。茎色绿色，茎翼直形，茎横截面三棱形，分枝数少。叶色绿色，叶缘平展，小叶大小中等，顶小叶椭圆形，小叶着生密集度中等。自然开花量少，花冠白色。单株结薯数13.6个，结薯较集中整齐。薯块圆形至椭圆形，黄皮深黄肉，芽眼中等深。每亩鲜薯产量1470kg。干物质含量22.8%，淀粉含量17.1%。蒸煮食味优。

【优异特性与利用价值】优质食用品种。有生产和育种利用价值。

【濒危状况及保护措施建议】磐安县零星种植。建议异位妥善保存，加强种质鉴定、脱毒种应用和育种利用。

44 平湖马铃薯

【学 名】Solanaceae（茄科）Solanum（茄属）Solanum tuberosum（马铃薯）。

【采集地】浙江省嘉兴市平湖市。

【主要特征特性】中熟小薯型品种。半直立株型，植株繁茂性强，株高78.4cm，茎粗7.8mm，主茎数3.9个。茎色绿色，茎翼直形，茎横截面三棱形，分枝数少。叶色绿色，叶缘平展，小叶大小中等，顶小叶椭圆形，小叶着生密集度中等。自然开花量少，花冠白色。单株结薯数12.8个，结薯较集中整齐。薯块圆形至椭圆形，黄皮黄肉，芽眼中等深。每亩鲜薯产量1477kg。干物质含量20.7%，淀粉含量15.0%。蒸煮食味优。

【优异特性与利用价值】优质食用品种。有育种利用价值。

【濒危状况及保护措施建议】平湖市零星种植。建议异位妥善保存。

45 平阳土豆

【学　名】Solanaceae（茄科）Solanum（茄属）Solanum tuberosum（马铃薯）。
【采集地】浙江省温州市平阳县。

【主要特征特性】中晚熟中薯型品种。半直立株型，植株繁茂性强，株高77.3cm，茎粗7.9mm，主茎数3.4个。茎色绿色，茎翼直形，茎横截面三棱形，分枝数多。叶色深绿色，叶缘平展，小叶大，顶小叶椭圆形，小叶着生密集度疏。自然开花量中等，花冠浅黄色，重瓣。单株结薯数8.2个，结薯较集中整齐。薯块圆形至椭圆形，黄皮黄肉，芽眼中等深。每亩鲜薯产量1042kg。干物质含量20.8%，淀粉含量15.1%。蒸煮食味优。

【优异特性与利用价值】优质食用品种。有育种利用价值。

【濒危状况及保护措施建议】平阳县少量种植。建议异位妥善保存。

46 浦江洋芋

【学　名】Solanaceae（茄科）*Solanum*（茄属）*Solanum tuberosum*（马铃薯）。
【采集地】浙江省金华市浦江县。

【主要特征特性】中早熟小薯型品种。半直立株型，植株繁茂性强，株高78.3cm，茎粗7.4mm，主茎数5.2个。茎色绿色，茎翼直形，茎横截面三棱形，分枝数少。叶色绿色，叶缘平展，小叶大小中等，顶小叶宽形，小叶着生密集度中等。自然开花量少，花冠白色。单株结薯数12.7个，结薯较集中整齐。薯块圆形至椭圆形，黄皮黄肉，芽眼中等深。每亩鲜薯产量1682kg。干物质含量22.7%，淀粉含量17.0%。蒸煮食味优。

【优异特性与利用价值】优质食用品种。有生产和育种利用价值。

【濒危状况及保护措施建议】浦江县零星种植。建议异位妥善保存，加强种质鉴定、脱毒种应用和育种利用。

47 前村洋芋

【学　名】Solanaceae（茄科）Solanum（茄属）Solanum tuberosum（马铃薯）。
【采集地】浙江省丽水市缙云县。

【主要特征特性】早熟中薯型品种。直立株型，植株繁茂性强，株高74.3cm，茎粗8.6mm，主茎数2.3个。茎色绿色，茎翼直形，茎横截面三棱形，分枝数多。叶色绿色，叶缘平展，小叶大，顶小叶椭圆形，小叶着生密集度中等。自然开花量少，花冠白色。单株结薯数8.2个，结薯较集中整齐。薯块圆形至椭圆形，黄皮黄肉，芽眼中等深。每亩鲜薯产量1846kg。干物质含量19.8%，淀粉含量14.1%。蒸煮食味优。

【优异特性与利用价值】食、菜兼用，早熟。有生产和育种利用价值。

【濒危状况及保护措施建议】缙云县少量种植。建议异位妥善保存，加强种质鉴定、脱毒种应用和育种利用。

48 青田腰子洋芋

【学　名】Solanaceae（茄科）*Solanum*（茄属）*Solanum tuberosum*（马铃薯）。
【采集地】浙江省丽水市青田县。

【主要特征特性】中早熟中薯型品种。半直立株型，植株繁茂性中等，株高53.6cm，茎粗8.2mm，主茎数4.2个。茎色绿色，茎翼微波形，茎横截面三棱形，分枝数少。叶色绿色，叶缘微波，小叶较大，顶小叶卵形，小叶着生密集度中等。单株结薯数9.4个，结薯较集中整齐。薯块扁椭圆形至纺锤形，浅黄皮白肉，芽眼浅。每亩鲜薯产量1258kg。干物质含量18.9%，淀粉含量13.2%。蒸煮食味中等。

【优异特性与利用价值】食、菜兼用。有育种利用价值。

【濒危状况及保护措施建议】青田县少量种植。建议异位妥善保存。

49 庆元马铃薯
【学　名】Solanaceae（茄科）Solanum（茄属）Solanum tuberosum（马铃薯）。
【采集地】浙江省丽水市庆元县。

【主要特征特性】中熟小薯型品种。半直立株型，植株繁茂性强，株高75.7cm，茎粗8.1mm，主茎数3.4个。茎色深绿色，茎翼直形，茎横截面三棱形，分枝数多。叶色绿色，叶缘微波，小叶大小中等，顶小叶宽形，小叶着生密集度中等。自然开花量少，花冠白色。单株结薯数11.3个，结薯较集中整齐。薯块圆形至椭圆形，黄皮黄肉，芽眼中等深。每亩鲜薯产量1423kg。干物质含量22.7%，淀粉含量16.9%。蒸煮食味优。

【优异特性与利用价值】优质食用品种。有生产与育种利用价值。

【濒危状况及保护措施建议】庆元县零星种植。建议异位妥善保存并育种利用。

50 衢江土豆

【学　名】Solanaceae（茄科）Solanum（茄属）Solanum tuberosum（马铃薯）。

【采集地】浙江省衢州市衢江区。

【主要特征特性】中熟小薯型品种。半直立株型，植株繁茂性强，株高75.3cm，茎粗7.2mm，主茎数4.8个。茎色绿色，茎翼直形，茎横截面三棱形，分枝数少。叶色绿色，叶缘平展，小叶大小中等，顶小叶椭圆形，小叶着生密集度中等。单株结薯数13.2个，结薯较集中整齐。薯块圆形至椭圆形，黄皮黄肉，芽眼中等深。每亩鲜薯产量1316kg。干物质含量22.4%，淀粉含量16.6%。蒸煮食味优。

【优异特性与利用价值】优质食用品种。有育种利用价值。

【濒危状况及保护措施建议】衢州市衢江区零星种植。建议异位妥善保存。

51 瑞安马铃薯

【学　名】Solanaceae（茄科）Solanum（茄属）Solanum tuberosum（马铃薯）。
【采集地】浙江省温州市瑞安市。

【主要特征特性】中熟小薯型品种。半直立株型，植株繁茂性强，株高71.6cm，茎粗7.2mm，主茎数5.1个。茎色绿带紫斑，茎翼直形，茎横截面三棱形，分枝数少。叶色绿色，叶缘平展，小叶大小中等，顶小叶椭圆形，小叶着生密集度中等。单株结薯数14.6个，结薯集中整齐。薯块圆形至卵圆形，黄皮深黄肉，芽眼浅，少。每亩鲜薯产量1291kg。干物质含量25.8%，淀粉含量20.0%。蒸煮食味优。

【优异特性与利用价值】优质食用品种，薯形好，肉色深。有生产与育种利用价值。

【濒危状况及保护措施建议】瑞安市零星种植。建议异位妥善保存，加强种质鉴定、脱毒种应用和育种利用。

52 三门小黄皮

【学　名】Solanaceae（茄科）*Solanum*（茄属）*Solanum tuberosum*（马铃薯）。
【采集地】浙江省台州市三门县。

【主要特征特性】中熟小薯型品种。半直立株型，植株繁茂性强，株高77.6cm，茎粗7.8mm，主茎数3.9个。茎色绿色，茎翼直形，茎横截面三棱形，分枝数少。叶色绿色，叶缘平展，小叶大小中等，顶小叶椭圆形，小叶着生密集度中等。自然开花量少，花冠白色。单株结薯数12.8个，结薯较集中整齐。薯块圆形至椭圆形，黄皮黄肉，芽眼中等深。每亩鲜薯产量1601kg。干物质含量22.2%，淀粉含量16.5%。蒸煮食味优。
【优异特性与利用价值】优质食用品种。有生产和育种利用价值。
【濒危状况及保护措施建议】三门县零星种植。建议异位妥善保存，加强种质鉴定、脱毒种应用和育种利用。

53 上虞洋芋艿

【学　名】Solanaceae（茄科）Solanum（茄属）Solanum tuberosum（马铃薯）。
【采集地】浙江省绍兴市上虞区。

【主要特征特性】中熟小薯型品种。半直立株型，植株繁茂性强，株高49.3cm，茎粗8.1mm，主茎数4.1个。茎色绿色，茎翼直形，茎横截面三棱形，分枝数少。叶色绿色，叶缘平展，小叶大小中等，顶小叶椭圆形，小叶着生密集度中等。单株结薯数13.2个，结薯较集中整齐。薯块圆形至卵圆形，黄皮黄肉，芽眼中等深。每亩鲜薯产量783kg。干物质含量23.7%，淀粉含量18.0%。蒸煮食味优。

【优异特性与利用价值】优质食用品种。有育种利用价值。

【濒危状况及保护措施建议】绍兴市上虞区零星种植。建议异位妥善保存。

54 石佛土种

【学　名】Solanaceae（茄科）Solanum（茄属）Solanum tuberosum（马铃薯）。
【采集地】浙江省衢州市龙游县。

【主要特征特性】中熟小薯型品种。直立株型，植株繁茂性强，株高73.4cm，茎粗7.3mm，主茎数3.4个。茎色绿色，茎翼直形，茎横截面三棱形，分枝数中等。叶色绿色，叶缘平展，小叶大小中等，顶小叶椭圆形，小叶着生密集度中等。自然开花量少，花冠白色。单株结薯数13.3个，结薯较集中整齐。薯块圆形至椭圆形，黄皮黄肉，芽眼中等深。每亩鲜薯产量1078kg。干物质含量23.1%，淀粉含量17.3%。蒸煮食味优。
【优异特性与利用价值】优质食用品种。有育种利用价值。
【濒危状况及保护措施建议】龙游县零星种植。建议异位妥善保存。

55 水岙马铃薯

【学　名】Solanaceae（茄科）Solanum（茄属）Solanum tuberosum（马铃薯）。
【采集地】浙江省台州市临海市。

【主要特征特性】中熟小薯型品种。半直立株型，植株繁茂性强，株高73.2cm，茎粗7.1mm，主茎数4.1个。茎色绿色，茎翼直形，茎横截面三棱形，分枝数少。叶色绿色，叶缘平展，小叶大小中等，顶小叶椭圆形，小叶着生密集度中等。单株结薯数12.6个，结薯较集中整齐。薯块圆形至椭圆形，黄皮黄肉，芽眼中等深。每亩鲜薯产量1023kg。干物质含量23.2%，淀粉含量17.5%。蒸煮食味优。

【优异特性与利用价值】优质食用品种。有育种利用价值。

【濒危状况及保护措施建议】临海市零星种植。建议异位妥善保存。

56 泰顺马铃薯

【学　名】Solanaceae（茄科）Solanum（茄属）Solanum tuberosum（马铃薯）。
【采集地】浙江省温州市泰顺县。

【主要特征特性】中熟小薯型品种。半直立株型，植株繁茂性强，株高82.1cm，茎粗7.6mm，主茎数4.6个。茎色绿色，茎翼直形，茎横截面三棱形，分枝数少。叶色绿色，叶缘平展，小叶大小中等，顶小叶椭圆形，小叶着生密集度中等。自然开花量少，花冠白色。单株结薯数13.6个，结薯较集中整齐。薯块圆形至椭圆形，黄皮黄肉，芽眼中等深。每亩鲜薯产量1425kg。干物质含量22.7%，淀粉含量16.0%。蒸煮食味优。

【优异特性与利用价值】优质食用品种。有生产和育种利用价值。

【濒危状况及保护措施建议】泰顺县零星种植。建议异位妥善保存并育种利用。

57 泰顺芋
【学　名】Solanaceae（茄科）Solanum（茄属）Solanum tuberosum（马铃薯）。
【采集地】浙江省温州市苍南县。

【主要特征特性】中熟小薯型品种。半直立株型，植株繁茂性中等，株高68.6cm，茎粗6.9mm，主茎数4.9个。茎色绿带紫斑，茎翼直形，茎横截面三棱形，分枝数少。叶色绿色，叶缘平展，小叶大小中等，顶小叶椭圆形，小叶着生密集度密。单株结薯数11.9个，结薯较集中整齐。薯块圆形至卵圆形，黄皮黄肉，芽眼中等深。每亩鲜薯产量1396kg。干物质含量22.9%，淀粉含量17.4%。蒸煮食味优。

【优异特性与利用价值】优质食用品种。有生产与育种利用价值。

【濒危状况及保护措施建议】苍南县山区零星种植。建议异位妥善保存并加强脱毒种应用。

58 讨饭洋芋

【学　名】Solanaceae（茄科）*Solanum*（茄属）*Solanum tuberosum*（马铃薯）。
【采集地】浙江省金华市永康市。

【主要特征特性】中熟小薯型品种。半直立株型，植株繁茂性强，株高75.3cm，茎粗7.6mm，主茎数4.6个。茎色绿色，茎翼直形，茎横截面三棱形，分枝数少。叶色绿色，叶缘平展，小叶大小中等，顶小叶椭圆形，小叶着生密集度中等。自然开花量少，花冠白色。单株结薯数13.2个，结薯较集中整齐。薯块圆形至椭圆形，黄皮黄肉，芽眼中等深。每亩鲜薯产量1127kg。干物质含量22.2%，淀粉含量16.5%。蒸煮食味优。

【优异特性与利用价值】优质食用品种。有生产和育种利用价值。

【濒危状况及保护措施建议】永康市零星种植。建议异位妥善保存并育种利用。

59 温岭小洋芋

【学　名】Solanaceae（茄科）Solanum（茄属）Solanum tuberosum（马铃薯）。
【采集地】浙江省台州市温岭市。

【主要特征特性】中熟小薯型品种。半直立株型，植株繁茂性强，株高67.6cm，茎粗5.1mm，主茎数5.9个。茎色绿色，茎翼直形，茎横截面三棱形，分枝数少。叶色绿色，叶缘平展，小叶大小中等，顶小叶椭圆形，小叶着生密集度中等。自然开花量少，花冠浅紫色。单株结薯数15.8个，结薯较集中整齐。薯块圆形，黄皮深黄肉，芽眼中等深。每亩鲜薯产量727kg。干物质含量23.3%，淀粉含量17.6%。蒸煮食味优。

【优异特性与利用价值】温岭小洋芋是当地特色菜。薯块大小与蚕豆相近，优质食用品种。有生产和育种利用价值。

【濒危状况及保护措施建议】温岭市普遍种植。建议异位妥善保存，加强种质鉴定、脱毒种应用和育种利用。

60 西川马铃薯

【学　名】Solanaceae（茄科）Solanum（茄属）Solanum tuberosum（马铃薯）。
【采集地】浙江省湖州市长兴县。

【主要特征特性】中熟小薯型品种。半直立株型，植株繁茂性中等，株高52.2cm，茎粗6.2mm，主茎数4.2个。茎色绿色，茎翼直形，茎横截面三棱形，分枝数少。叶色绿色，叶缘微波，小叶大小中等，顶小叶宽形，小叶着生密集度中等。单株结薯数8.6个，结薯较集中整齐。薯块圆形至卵圆形，黄皮黄肉，芽眼深。每亩鲜薯产量1058kg。干物质含量23.7%，淀粉含量17.9%。蒸煮食味优。

【优异特性与利用价值】优质食用品种。有育种利用价值。

【濒危状况及保护措施建议】长兴县少量种植。建议异位妥善保存并加强脱毒种应用。

61 仙居小黄皮

【学 名】Solanaceae（茄科）Solanum（茄属）Solanum tuberosum（马铃薯）。
【采集地】浙江省台州市仙居县。

【主要特征特性】中熟小薯型品种。半直立株型，植株繁茂性强，株高73.6cm，茎粗7.4mm，主茎数4.6个。茎色绿色，茎翼直形，茎横截面三棱形，分枝数少。叶色绿色，叶缘平展，小叶大小中等，顶小叶椭圆形，小叶着生密集度中等。自然开花量少，花冠白色。单株结薯数13.9个，结薯较集中整齐。薯块圆形至椭圆形，黄皮黄肉，芽眼中等深。每亩鲜薯产量1078kg。干物质含量23.4%，淀粉含量17.6%。蒸煮食味优。

【优异特性与利用价值】优质食用品种。有生产与育种利用价值。

【濒危状况及保护措施建议】仙居县主要农户品种，全县均有种植。建议异位妥善保存，加强种质鉴定与脱毒种应用。

62 仙居猪腰洋芋
【学　名】Solanaceae（茄科）Solanum（茄属）Solanum tuberosum（马铃薯）。
【采集地】浙江省台州市仙居县。

【主要特征特性】中早熟中薯型品种。半直立株型，植株繁茂性强，株高65.2cm，茎粗6.2mm，主茎数5.3个。茎色绿色，茎翼直形，茎横截面三棱形，分枝数少。叶色绿色，叶缘平展，小叶大小中等，顶小叶椭圆形，小叶着生密集度中等。单株结薯数10.9个，结薯较集中整齐。薯椭圆形至长方形，黄皮黄肉，芽眼浅。每亩鲜薯产量1594kg。干物质含量21.2%，淀粉含量15.4%。蒸煮食味优。

【优异特性与利用价值】优质食用品种。有育种利用价值。

【濒危状况及保护措施建议】仙居县少量种植。建议异位妥善保存。

63 象山洋番薯

【学　名】Solanaceae（茄科）*Solanum*（茄属）*Solanum tuberosum*（马铃薯）。
【采集地】浙江省宁波市象山县。

【主要特征特性】中熟小薯型品种。半直立株型，植株繁茂性强，株高76.4cm，茎粗7.4mm，主茎数5.8个。茎色绿色，茎翼直形，茎横截面三棱形，分枝数少。叶色绿色，叶缘平展，小叶大小中等，顶小叶椭圆形，小叶着生密集度中等。单株结薯数14.1个，结薯较集中整齐。薯块圆形至椭圆形，黄皮黄肉，芽眼中等深。每亩鲜薯产量1192kg。干物质含量25.8%，淀粉含量20.0%。蒸煮食味优。

【优异特性与利用价值】优质食用品种。有育种利用价值。

【濒危状况及保护措施建议】象山县零星种植。建议异位妥善保存并育种利用。

64 萧山小马铃薯

【学　名】Solanaceae（茄科）Solanum（茄属）Solanum tuberosum（马铃薯）。

【采集地】浙江省杭州市萧山区。

【主要特征特性】中熟小薯型品种。半直立株型，植株繁茂性中等，株高56.7cm，茎粗6.3mm，主茎数5.1个。茎色绿色，茎翼直形，茎横截面三棱形，分枝数少。叶色绿色，叶缘平展，小叶大小中等，顶小叶椭圆形，小叶着生密集度中等。单株结薯数13.2个，结薯较集中整齐。薯块圆形至椭圆形，黄皮黄肉，芽眼浅。每亩鲜薯产量898kg。干物质含量23.6%，淀粉含量17.9%。蒸煮食味优。

【优异特性与利用价值】优质食用品种，薯形好。有育种利用价值。

【濒危状况及保护措施建议】杭州市萧山区零星种植。建议异位妥善保存并育种利用。

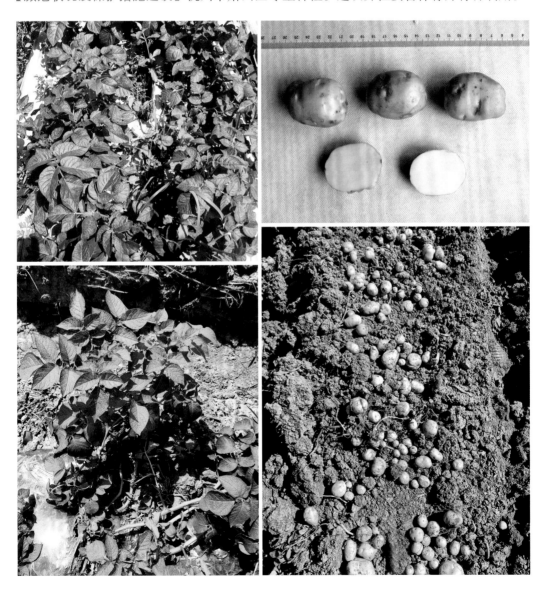

65 沿溪马铃薯

【学　名】Solanaceae（茄科）Solanum（茄属）Solanum tuberosum（马铃薯）。
【采集地】浙江省金华市武义县。

【主要特征特性】中熟小薯型品种。半直立株型，植株繁茂性中等，株高56.7cm，茎粗6.6mm，主茎数4.6个。茎色绿带紫斑，茎翼直形，茎横截面三棱形，分枝数少。叶色绿色，叶缘平展，小叶较大，顶小叶宽形，小叶着生密集度疏。自然开花量少，花冠白色。单株结薯数9.6个，结薯较集中整齐。薯块圆形至椭圆形，黄皮黄肉，芽眼浅。每亩鲜薯产量934kg。干物质含量23.6%，淀粉含量17.9%。蒸煮食味优。

【优异特性与利用价值】优质食用品种。有育种利用价值。

【濒危状况及保护措施建议】武义县山区少量种植。建议异位妥善保存。

66 永嘉马铃薯

【学　名】Solanaceae（茄科）*Solanum*（茄属）*Solanum tuberosum*（马铃薯）。

【采集地】浙江省温州市永嘉县。

【主要特征特性】中熟小薯型品种。半直立株型，植株繁茂性强，株高74.3cm，茎粗7.4mm，主茎数4.2个。茎色绿色，茎翼直形，茎横截面三棱形，分枝数少。叶色绿色，叶缘平展，小叶大小中等，顶小叶椭圆形，小叶着生密集度中等。单株结薯数11.2个，结薯较集中整齐。薯块圆形至椭圆形，黄皮黄肉，芽眼中等深。每亩鲜薯产量962kg。干物质含量23.2%，淀粉含量17.5%。蒸煮食味优。

【优异特性与利用价值】优质食用品种。有育种利用价值。

【濒危状况及保护措施建议】永嘉县零星种植。建议异位妥善保存。

67 圆洋芋
【学　名】Solanaceae（茄科）*Solanum*（茄属）*Solanum tuberosum*（马铃薯）。
【采集地】浙江省杭州市淳安县。

【主要特征特性】中早熟小薯型品种。半直立株型，植株繁茂性强，株高83.5cm，茎粗8.3mm，主茎数5.5个。茎色绿色，茎翼直形，茎横截面三棱形，分枝数少。叶色绿色，叶缘平展，小叶大小中等，顶小叶宽形，小叶着生密集度中等。自然开花量少，花冠白色。单株结薯数14.7个，结薯较集中整齐。薯块圆形至椭圆形，黄皮黄肉，芽眼中等深。每亩鲜薯产量1785kg。干物质含量23.0%，淀粉含量17.2%。蒸煮食味优。

【优异特性与利用价值】优质食用品种。有生产与育种利用价值。

【濒危状况及保护措施建议】淳安县山区少量种植。建议异位妥善保存，加强种质鉴定、脱毒种应用和育种利用。

68 圆籽马铃薯

【学　名】Solanaceae（茄科）Solanum（茄属）Solanum tuberosum（马铃薯）。
【采集地】浙江省金华市磐安县。

【主要特征特性】中熟中薯型品种。直立株型，植株繁茂性强，株高51.6cm，茎粗8.6mm，主茎数1.9个。茎色绿色，茎翼波形，茎横截面三棱形，分枝数多。叶色绿色，叶缘平展，小叶较大，顶小叶椭圆形，小叶着生密集度疏。自然开花量少，花冠白色。单株结薯数7.9个，结薯较集中整齐。薯块圆形至卵圆形，黄皮浅黄肉，芽眼浅。每亩鲜薯产量936kg。干物质含量21.8%，淀粉含量16.1%。蒸煮食味优。

【优异特性与利用价值】优质食用品种。有育种利用价值。

【濒危状况及保护措施建议】磐安县零星种植。建议异位妥善保存。

69 贼勿偷

【学　名】Solanaceae（茄科）*Solanum*（茄属）*Solanum tuberosum*（马铃薯）。
【采集地】浙江省宁波市奉化区。

【主要特征特性】中熟中薯型品种。半直立株型，植株繁茂性中等，株高47.6cm，茎粗7.2mm，主茎数3.1个。茎色绿色，茎翼直形，茎横截面三棱形，分枝数多。叶色绿色，叶缘平展，小叶较大，顶小叶椭圆形，小叶着生密集度中等。自然开花量少，花冠白色。单株结薯数10.2个，结薯较集中整齐。薯块圆形至卵圆形，黄皮深黄肉，芽眼中等深。每亩鲜薯产量983kg。干物质含量21.2%，淀粉含量14.5%。蒸煮食味优。
【优异特性与利用价值】优质食用品种。有育种利用价值。
【濒危状况及保护措施建议】宁波市奉化区零星种植。建议异位妥善保存。

70 长兴洋芋芀

【学　名】Solanaceae（茄科）Solanum（茄属）Solanum tuberosum（马铃薯）。
【采集地】浙江省湖州市长兴县。

【主要特征特性】中熟小薯型品种。半直立株型，植株繁茂性强，株高46.2cm，茎粗6.4mm，主茎数5.2个。茎色绿色，茎翼直形，茎横截面三棱形，分枝数少。叶色绿色，叶缘平展，小叶大小中等，顶小叶椭圆形，小叶着生密集度中等。单株结薯数11.7个，结薯较集中整齐。薯块圆形至椭圆形，黄皮黄肉，芽眼浅。每亩鲜薯产量650kg。干物质含量21.7%，淀粉含量15.9%。蒸煮食味优。

【优异特性与利用价值】优质食用品种。有生产与育种利用价值。

【濒危状况及保护措施建议】长兴县少量种植。建议异位妥善保存。

71 诸暨洋番薯

【学　名】Solanaceae（茄科）*Solanum*（茄属）*Solanum tuberosum*（马铃薯）。

【采集地】浙江省绍兴市诸暨市。

【主要特征特性】中熟小薯型品种。半直立株型，植株繁茂性强，株高65.0cm，茎粗7.2mm，主茎数3.9个。茎色绿色，茎翼直形，茎横截面三棱形，分枝数少。叶色绿色，叶缘平展，小叶大小中等，顶小叶椭圆形，小叶着生密集度中等。自然开花量少，花冠白色。单株结薯数10.8个，结薯较集中整齐。薯块圆形至椭圆形，黄皮黄肉，芽眼中等深。每亩鲜薯产量743kg。干物质含量23.9%，淀粉含量18.3%。蒸煮食味优。

【优异特性与利用价值】优质食用品种。有育种利用价值。

【濒危状况及保护措施建议】诸暨市零星种植。建议异位妥善保存。

第二节　彩色马铃薯

1 淳安红皮

【学　名】Solanaceae（茄科）Solanum（茄属）Solanum tuberosum（马铃薯）。

【采集地】浙江省杭州市淳安县。

【主要特征特性】中熟中薯型品种。直立株型，植株繁茂性强，株高53.8cm，茎粗7.1mm，主茎数4.3个。茎色绿带紫斑，茎翼微波形，茎横截面三棱形，分枝数少。叶色浅绿色，叶缘平展，小叶大小中等，顶小叶椭圆形，小叶着生密集度中等。自然开花量少，花冠白色。单株结薯数7.2个，结薯集中整齐。薯块圆形至椭圆形，浅红皮白肉，芽眼较浅。每亩鲜薯产量1223kg。干物质含量19.8%，淀粉含量14.0%。蒸煮食味中等。

【优异特性与利用价值】食、菜兼用，薯形较好。有育种利用价值。

【濒危状况及保护措施建议】淳安县山区少量种植。建议异位妥善保存。

2 红洋番薯

【学　名】Solanaceae（茄科）Solanum（茄属）Solanum tuberosum（马铃薯）。
【采集地】浙江省宁波市奉化区。

【主要特征特性】中熟中薯型品种。直立株型，植株繁茂性强，株高54.7cm，茎粗7.5mm，主茎数6.1个。茎色绿带紫斑，茎翼微波形，茎横截面三棱形，分枝数少。叶色绿色，叶缘平展，小叶较大，顶小叶椭圆形，小叶着生密集度疏。自然开花量少，花冠紫色。单株结薯数10.9个，结薯集中整齐。薯块椭圆形至纺锤形，浅红皮黄肉，芽眼较浅、少。每亩鲜薯产量1223kg。干物质含量19.8%，淀粉含量14.0%。蒸煮食味优。

【优异特性与利用价值】食、菜兼用，浅红皮黄肉。有育种利用价值。

【濒危状况及保护措施建议】宁波市奉化区少量种植。建议异位妥善保存并育种利用。

3 宁海洋番薯

【学　名】Solanaceae（茄科）*Solanum*（茄属）*Solanum tuberosum*（马铃薯）。
【采集地】浙江省宁波市宁海县。

【主要特征特性】中晚熟中薯型品种。直立株型，植株繁茂性强，株高62.1cm，茎粗5.4mm，主茎数4.2个。茎色绿带紫斑，茎翼微波形，茎横截面三棱形，分枝数少。叶色浅绿色，叶缘平展，小叶大小中等，顶小叶椭圆形，小叶着生密集度中等。单株结薯数7.8个，结薯集中整齐。薯块椭圆形至纺锤形，浅红皮白肉，芽眼较浅，芽眼红色。每亩鲜薯产量705kg。干物质含量18.5%，淀粉含量12.7%。蒸煮食味优。

【优异特性与利用价值】食、菜兼用，浅红皮。有育种利用价值。

【濒危状况及保护措施建议】宁海县少量种植。建议异位妥善保存。

4 磐安红皮

【学　名】Solanaceae（茄科）Solanum（茄属）Solanum tuberosum（马铃薯）。
【采集地】浙江省金华市磐安县。

【主要特征特性】中晚熟中薯型品种。直立株型，植株繁茂性强，株高95.7cm，茎粗11.0mm，主茎数2.2个。茎色绿带紫斑，茎翼微波形，茎横截面三棱形，分枝数多。叶色深绿色，叶缘微波，小叶大小中等，顶小叶椭圆形，小叶着生密集度中等。自然开花量少，花冠紫色。单株结薯数9.6个，结薯集中整齐。薯块圆形至椭圆形，红皮深黄肉，芽眼浅。每亩鲜薯产量1208kg。干物质含量18.9%，淀粉含量13.2%。蒸煮食味优。

【优异特性与利用价值】食、菜兼用，红皮深黄肉。有育种利用价值。

【濒危状况及保护措施建议】磐安县少量种植。建议异位妥善保存并育种利用。

5 浦江红皮

【学　名】Solanaceae（茄科）Solanum（茄属）Solanum tuberosum（马铃薯）。

【采集地】浙江省金华市浦江县。

【主要特征特性】中晚熟中薯型品种。直立株型，植株繁茂性强，株高71.5cm，茎粗12.0mm，主茎数1.4个。茎色绿带紫斑，茎翼微波形，茎横截面三棱形，分枝数多。叶色深绿色，叶缘微波，小叶较大，顶小叶椭圆形，小叶着生密集度疏。自然开花量少，花冠浅紫色。单株结薯数7.3个，结薯集中整齐。薯块卵圆形至扁椭圆形，红皮深黄肉，芽眼浅。每亩鲜薯产量1083kg。干物质含量18.3%，淀粉含量12.6%。蒸煮食味中等。

【优异特性与利用价值】食、菜兼用，红皮深黄肉。有育种利用价值。

【濒危状况及保护措施建议】浦江县少量种植。建议异位妥善保存并育种利用。

6 青田红皮

【学 名】Solanaceae（茄科）*Solanum*（茄属）*Solanum tuberosum*（马铃薯）。

【采集地】浙江省丽水市青田县。

【主要特征特性】中熟中薯型品种。直立株型，植株繁茂性中等，株高59.3cm，茎粗7.2mm，主茎数4.3个。茎色绿带紫斑，茎翼微波形，茎横截面三棱形，分枝数少。叶色绿色，叶缘平展，小叶大小中等，顶小叶卵形，小叶着生密集度疏。自然开花量少，花冠淡黄色。单株结薯数7.6个，结薯集中整齐。薯块卵圆形至纺锤形，黄红皮浅黄肉，芽眼浅。每亩鲜薯产量1298kg。干物质含量19.4%，淀粉含量13.7%。蒸煮食味优。

【优异特性与利用价值】食、菜兼用，蒸煮食味优。有育种利用价值。

【濒危状况及保护措施建议】青田县少量种植。建议异位妥善保存。

7 三门红皮

【学　名】Solanaceae（茄科）Solanum（茄属）Solanum tuberosum（马铃薯）。
【采集地】浙江省台州市三门县。

【主要特征特性】中熟中薯型品种。直立株型，植株繁茂性强，株高54.3cm，茎粗5.4mm，主茎数4.1个。茎色绿色，茎翼微波形，茎横截面三棱形，分枝数少。叶色绿色，叶缘微波，小叶大小中等，顶小叶椭圆形，小叶着生密集度中等。单株结薯数7.8个，结薯集中整齐。薯块圆形至椭圆形，红皮深黄肉，芽眼浅。每亩鲜薯产量1167kg。干物质含量19.3%，淀粉含量13.6%。蒸煮食味优。

【优异特性与利用价值】食、菜兼用，红皮深黄肉。有育种利用价值。

【濒危状况及保护措施建议】三门县少量种植。建议异位妥善保存并育种利用。

8 武义红皮

【学 名】Solanaceae（茄科）Solanum（茄属）Solanum tuberosum（马铃薯）。
【采集地】浙江省金华市武义县。

【主要特征特性】中熟中薯型品种。直立株型，植株繁茂性中等，株高43.7cm，茎粗6.9mm，主茎数5.7个。茎色绿带紫斑，茎翼微波形，茎横截面三棱形，分枝数少。叶色绿色，叶缘平展，小叶较大，顶小叶宽形，小叶着生密集度中等。单株结薯数7.8个，结薯集中整齐。薯块圆形至椭圆形，浅红皮黄肉，芽眼红色，中等深。每亩鲜薯产量1223kg。干物质含量23.7%，淀粉含量17.9%。蒸煮食味优。

【优异特性与利用价值】优质食用品种，浅红皮黄肉。有育种利用价值。

【濒危状况及保护措施建议】武义县少量种植。建议异位妥善保存并育种利用。

9 仙居红皮

【学　名】Solanaceae（茄科）*Solanum*（茄属）*Solanum tuberosum*（马铃薯）。
【采集地】浙江省台州市仙居县。

【主要特征特性】中熟中薯型品种。直立株型，植株繁茂性中等，株高53.2cm，茎粗8.2mm，主茎数4.5个。茎色绿色，茎翼直形，茎横截面三棱形，分枝数少。叶色浅绿色，叶缘微波，小叶大小中等，顶小叶卵形，小叶着生密集度中等。单株结薯数8.6个，结薯集中整齐。薯块椭圆形至长方形，红皮黄肉，芽眼黄色，浅。每亩鲜薯产量729kg。干物质含量23.1%，淀粉含量17.3%。蒸煮食味优。

【优异特性与利用价值】优质食用品种，红皮黄肉。有育种利用价值。

【濒危状况及保护措施建议】仙居县少量种植。建议异位妥善保存并育种利用。

10 象山红皮

【学　名】Solanaceae（茄科）Solanum（茄属）Solanum tuberosum（马铃薯）。

【采集地】浙江省宁波市象山县。

【主要特征特性】中熟中薯型品种。直立株型，植株繁茂性强，株高74.6m，茎粗8.6mm，主茎数2.7个。茎色绿带紫斑，茎翼微波形，茎横截面三棱形，分枝数多。叶色绿色，叶缘平展，小叶较大，顶小叶椭圆形，小叶着生密集度中等。单株结薯数7.3个，结薯集中整齐。薯块椭圆形至扁椭圆形，红皮黄肉，芽眼浅。每亩鲜薯产量1298kg。干物质含量19.2%，淀粉含量13.5%。蒸煮食味优。

【优异特性与利用价值】食、菜兼用，红皮黄肉。有生产和育种利用价值。

【濒危状况及保护措施建议】象山县少量种植。建议异位妥善保存并育种利用。

11 沿溪红皮

【学　名】Solanaceae（茄科）*Solanum*（茄属）*Solanum tuberosum*（马铃薯）。

【采集地】浙江省金华市武义县。

【主要特征特性】中熟中薯型品种。直立株型，植株繁茂性强，株高76.1cm，茎粗7.3mm，主茎数2.3个。茎色绿带紫斑，茎翼直形，茎横截面三棱形，分枝数多。叶色绿色，叶缘平展，小叶较大，顶小叶椭圆形，小叶着生密集度中等。自然开花量中等，花冠浅紫色。单株结薯数7.4个，结薯集中整齐。薯块圆形至椭圆形，红皮深黄肉，芽眼中等深。每亩鲜薯产量1283kg。干物质含量20.8%，淀粉含量15.1%。蒸煮食味优。

【优异特性与利用价值】食、菜兼用，红皮深黄肉。有生产和育种利用价值。

【濒危状况及保护措施建议】武义县少量种植。建议异位妥善保存并育种利用。

12 紫皮土豆

【学 名】Solanaceae（茄科）Solanum（茄属）Solanum tuberosum（马铃薯）。
【采集地】浙江省金华市磐安县。

【主要特征特性】晚熟中薯型品种。直立株型，植株繁茂性强，株高89.7cm，茎粗9.2mm，主茎数3.2个。茎色绿带紫斑，茎翼直形，茎横截面圆形，分枝数中等。叶色深绿色，叶缘平展，小叶大小中等，顶小叶椭圆形，小叶着生密集度中等。自然开花量少，花冠浅黄色。单株结薯数12.4个，结薯较集中整齐。薯块卵圆形至纺锤形，紫皮黄肉，芽眼浅。每亩鲜薯产量891kg。干物质含量23.6%，淀粉含量17.9%。蒸煮食味优。

【优异特性与利用价值】紫皮黄肉马铃薯资源少，蒸煮食味优。有育种利用价值。

【濒危状况及保护措施建议】磐安县少量种植。建议异位妥善保存并育种利用。

第 十 章

浙江省薏苡种质资源

1 安吉薏苡

【学　名】Gramineae（禾本科）*Coix*（薏苡属）*Coix lacryma-jobi*（薏苡）。

【采集地】浙江省湖州市安吉县。

【主要特征特性】一年生草本，早熟品种，植株较矮，幼苗习性为半直立，幼苗叶鞘紫色，叶片绿色，茎秆直立，抽穗期茎绿色，叶片绿色，株高107cm，茎粗11.8mm，单株有效茎数23.7个，籽粒着生高度12.0cm。花药黄色，柱头紫色，鞘状苞颜色绿色。成熟期苞果珐琅质地或甲壳质地，灰或灰白色，果仁颜色棕色，有光泽，长19.5mm、宽10.7mm，百粒重19.4g，单株产量142.4g。当地农民认为该品种优质、耐旱。

【优异特性与利用价值】早熟，植株较矮，抗倒伏。可以作为育种材料。用于煮粥、保健、加工成工艺品。

【濒危状况及保护措施建议】在当地少量种植，建议扩大种植面积，异地保存种质资源，鉴定其品质后推广利用。

2 苍南薏苡
【学 名】Gramineae（禾本科）Coix（薏苡属）Coix lacryma-jobi（薏苡）。
【采集地】浙江省温州市苍南县。

【主要特征特性】一年生草本，晚熟品种，幼苗直立，幼苗叶鞘紫色或者绿色，茎秆直立，抽穗期茎绿色，叶片绿色，株高148cm，茎粗12.3mm，单株有效茎数24.0个，籽粒着生高度39.7cm。花药黄色，柱头紫色，鞘状苞颜色绿色。成熟期苞果珐琅质地，黑色或白色，果仁颜色浅黄，长9.1mm、宽6.2mm，百粒重11.3g，单株产量99.2g。当地农民认为该品种具有保健作用。

【优异特性与利用价值】苞果珐琅质地。可以作为育种材料。用于煮粥、加工成工艺品。

【濒危状况及保护措施建议】在当地少量种植，建议扩大种植面积，异地保存种质资源，鉴定其品质后推广利用。

3 黄岩糯薏苡

【学 名】Gramineae（禾本科）*Coix*（薏苡属）*Coix lacryma-jobi*（薏苡）。
【采集地】浙江省台州市黄岩区。

【主要特征特性】一年生草本，晚熟品种，幼苗习性直立，幼苗叶鞘紫色或绿色，幼苗叶片绿带紫色或绿色，茎秆直立，抽穗期茎绿色，叶片绿色，株高209cm，茎粗11.9mm，单株有效茎数13.3个，籽粒着生高度139.0cm。花药黄色，柱头紫色，鞘状苞颜色绿色或紫红色。成熟期苞果甲壳质地，白色，果仁颜色棕色，长9.0mm、宽6.3mm，百粒重9.7g，单株产量78.7g。当地农民认为该品种品质优、抗性强、润心脾、抗疲劳，可菜用。

【优异特性与利用价值】生育期较长，植株高，苞果甲壳质地，白色。可以作为育种材料。

【濒危状况及保护措施建议】在当地少量种植，建议扩大种植面积，异地保存种质资源，鉴定其品质后推广利用。

4 黄岩薏米
【学　名】Grameae（禾本科）*Coix*（薏苡属）*Coix lacryma-jobi*（薏苡）。
【采集地】浙江省台州市黄岩区。

【主要特征特性】一年生草本，晚熟品种，幼苗习性直立，幼苗叶鞘红色，叶片绿色，茎秆直立，抽穗期茎和叶片均为绿色，株高107cm，茎粗12.9mm，单株有效茎数22.7个，籽粒着生高度10.3cm。花药黄色，柱头白色，鞘状苞颜色绿色。成熟期苞果珐琅质地，黑色或灰白色，果仁颜色浅黄，长10.7mm、宽7.4mm，百粒重22.2g，单株产量152.2g。

【优异特性与利用价值】植株较矮，苞果珐琅质地。可以作为育种材料。用于煮粥、加工成工艺品。

【濒危状况及保护措施建议】在当地少量种植，建议扩大种植面积，异地保存种质资源，鉴定其品质后推广利用。

5 缙云米仁

【学 名】Gramineae（禾本科）Coix（薏苡属）Coix lacryma-jobi（薏苡）。

【采集地】浙江省丽水市缙云县。

【主要特征特性】一年生草本，中熟品种，幼苗直立，幼苗叶鞘浅紫，幼苗叶紫色，抽穗期叶片绿色，茎秆直立，茎绿色，株高163cm，茎粗11.3mm，单株有效茎数13.2个，籽粒着生高度67.0cm。花药黄色，柱头紫色，鞘状苞颜色紫红色或绿色。成熟期苞果甲壳质地，黄白色，果仁颜色棕色，长9.0mm、宽5.9mm，百粒重9.4g。当地农民认为该品种优质、耐旱、耐热、耐涝、耐贫瘠，药食两用。

【优异特性与利用价值】优异资源，是提取注射用薏苡油的专用材料。植株较高，苞果甲壳质地，品质优。可以作为育种材料和薏苡药用机制研究材料。

【濒危状况及保护措施建议】开展品质鉴定研究，开发利用价值，异地保存资源。

6 廿八都薏米

【学　名】Grammeae（禾本科）*Coix*（薏苡属）*Coix lacryma-jobi*（薏苡）。
【采集地】浙江省衢州市江山市。

【主要特征特性】一年生草本，晚熟品种，幼苗直立，幼苗叶鞘绿或紫色，叶绿色，茎秆直立，抽穗期茎和叶均绿色，株高132cm，茎粗10.4mm，单株有效茎数9.9个，籽粒着生高度42.2cm。花药黄色，柱头浅紫色，鞘状苞颜色绿色。成熟期苞果甲壳质地，黄白色，果仁颜色棕色，长9.4mm、宽5.6mm，百粒重9.2g。当地农民认为该品种优质、耐旱、耐热、耐涝、耐贫瘠。食用，保健药用，或作为加工原料。

【优异特性与利用价值】苞果甲壳质地，黄白色，柱头浅紫色。可以作为育种材料。用于煮粥、保健。

【濒危状况及保护措施建议】在当地少量种植，建议扩大种植面积，异地保存种质资源，鉴定其品质后推广利用。

7 磐安薏米

【学　名】Gramineae（禾本科）Coix（薏苡属）Coix lacryma-jobi（薏苡）。

【采集地】浙江省金华市磐安县。

【主要特征特性】一年生草本，早熟品种，幼苗习性为半直立，幼苗叶鞘绿色，幼苗叶片绿色，茎秆直立，抽穗期茎和叶片均为绿色，株高较矮，抽穗早，但是前期不能正常结实。株高88cm，茎粗13.7mm，单株有效茎数13.3个，籽粒着生高度12.0cm。花药黄色，柱头白色，鞘状苞颜色绿色。成熟期苞果甲壳质地，黄白色，果仁颜色棕色，长9.2mm、宽5.5mm，百粒重6.6g，单株产量68.2g。

【优异特性与利用价值】植株较矮，成熟较早，苞果甲壳质地，黄白色。可作为育种材料，食用，或保健作用。

【濒危状况及保护措施建议】扩大种植面积，异地保存种质。

8 浦江野薏仁

【学　名】Gramineae（禾本科）Coix（薏苡属）Coix lacryma-jobi（薏苡）。
【采集地】浙江省金华市浦江县。

【主要特征特性】一年生草本，早熟品种，幼苗直立，幼苗叶鞘绿带紫色，茎秆直立，抽穗期茎和叶均为绿色，株高75cm，茎粗10.3mm，单株有效茎数24.0个，籽粒着生高度31.2cm。花药黄色，柱头紫色，鞘状苞颜色绿色。成熟期苞果珐琅质地，黑色或棕色，果仁颜色棕色，长8.93mm、宽6.23mm，百粒重19.1g。当地农民认为该品种优质，食用和保健药用。

【优异特性与利用价值】植株较矮，生育期较短，抗倒伏，苞果珐琅质地。可以作为育种材料。用于煮粥、加工成工艺品，有保健作用。

【濒危状况及保护措施建议】在当地少量种植，建议扩大种植面积，异地保存种质资源，鉴定其品质后推广利用。

9 上沙米仁

【学 名】Grameae（禾本科）*Coix*（薏苡属）*Coix lacryma-jobi*（薏苡）。

【采集地】浙江省台州市临海市。

【主要特征特性】一年生草本，晚熟品种，幼苗直立，幼苗叶鞘绿色，叶绿色，茎秆直立，抽穗期茎和叶片均为绿色，株高147cm，茎粗11.0mm，单株有效茎数11.8个，籽粒着生高度60.8cm。总状花序腋生成束，直立或下垂，具长梗。花药黄色，柱头紫色，鞘状苞颜色紫红色。成熟期苞果甲壳质地，灰白色，果仁颜色浅黄色，长7.6mm、宽5.1mm，百粒重9.1g。当地农民认为该品种优质、耐旱、香甜、糯性好。

【优异特性与利用价值】苞果甲壳质地，灰白色。食用，可以作为育种材料。

【濒危状况及保护措施建议】在当地少量种植，建议扩大种植面积，异地保存种质资源，鉴定其品质后推广利用。

10 松阳薏米

【学　名】Grameneae（禾本科）*Coix*（薏苡属）*Coix lacryma-jobi*（薏苡）。

【采集地】浙江省丽水市松阳县。

【主要特征特性】一年生草本，晚熟品种，幼苗习性直立，幼苗叶鞘红色，叶片绿带紫色，茎秆直立，抽穗期茎红色，叶片绿色，株高231cm，较高，茎粗13.2mm，单株有效茎数25.3个，籽粒着生高度153.0mm。花药黄色，柱头紫色，鞘状苞颜色绿色。成熟期苞果甲壳质地，黄白或灰白色，果仁颜色黄白，长9.1mm、宽6.3mm，百粒重10.0g，单株产量77.3g。当地农民认为该品种优质。

【优异特性与利用价值】植株高、晚熟，苞果甲壳质地，黄白或灰白色。食用，可以作为育种材料。

【濒危状况及保护措施建议】在当地少量种植，建议扩大种植面积，异地保存种质资源，鉴定其品质后推广利用。

11 文成黑籽薏苡

【学　名】Gramineae（禾本科）Coix（薏苡属）Coix lacryma-jobi（薏苡）。
【采集地】浙江省温州市文成县。

【主要特征特性】一年生草本，中熟品种，幼苗习性为半直立，幼苗叶鞘紫色，幼苗叶片绿色，茎秆直立，抽穗期茎和叶片均为绿色，株高126cm，茎粗13.3mm，单株有效茎数15.3个，籽粒着生高度21.3cm。花药黄色，柱头紫色，鞘状苞颜色绿色。成熟期苞果珐琅质地，黑色或棕色，果仁颜色棕色，长10.2mm、宽6.7mm，百粒重18.7g，单株产量122.7g。当地农民认为该品种耐旱、耐贫瘠，可食用和加工工艺品。

【优异特性与利用价值】生育期适中，株高中等，苞果珐琅质地，黑色或棕色。可以作为育种材料。用于煮粥，或加工工艺品。

【濒危状况及保护措施建议】在当地少量种植，建议扩大种植面积，异地保存种质资源，鉴定其品质后推广利用。

12 文成薏苡

【学　名】Gramineae（禾本科）*Coix*（薏苡属）*Coix lacryma-jobi*（薏苡）

【采集地】浙江省温州市文成县。

【主要特征特性】一年生草本，晚熟品种，幼苗直立，幼苗叶鞘绿色，叶绿色，茎秆直立，抽穗期茎绿色，叶绿色，株高166cm，茎粗12.0mm，单株有效茎数10.4个，籽粒着生高度88.6cm。花药黄色，柱头白色，鞘状苞颜色绿色。成熟期苞果甲壳质地，灰色或白色，果仁颜色棕色，长7.2mm、宽4.8mm，百粒重10.8g。当地农民认为该品种优质、耐旱、耐贫瘠。

【优异特性与利用价值】幼苗叶鞘绿色，苞果甲壳质地，灰色或白色。可以作为育种材料。用于煮粥，具有药用价值。

【濒危状况及保护措施建议】在当地少量种植，建议扩大种植面积，异地保存种质资源，鉴定其品质后推广利用。

13 腰仁米

【学 名】Gramineae（禾本科）Coix（薏苡属）*Coix lacryma-jobi*（薏苡）。

【采集地】浙江省温州市瑞安市。

【主要特征特性】一年生草本，晚熟品种，幼苗习性直立，幼苗叶鞘绿色，叶片绿色，茎秆直立，抽穗期茎绿色，叶片绿色，株高适中，株高184cm，茎粗15.1mm，单株有效茎数30.0个，籽粒着生高度57.0cm。花药黄色，柱头白色，鞘状苞颜色绿色。成熟期苞果甲壳质地，白色，果仁颜色黄白，长8.9mm、宽6.2mm，百粒重9.1g，单株产量24.1g。当地农民自家食用，脱壳后酿酒。

【优异特性与利用价值】生育期长，苞果甲壳质地，柱头白色，株高适中。可以作为育种材料。用于煮粥，酿酒。

【濒危状况及保护措施建议】在当地少量种植，建议扩大种植面积，异地保存种质资源，鉴定其品质后推广利用。

14 永嘉米仁

【学 名】Gramineae（禾本科）Coix（薏苡属）Coix lacryma-jobi（薏苡）。
【采集地】浙江省温州市永嘉县。

【主要特征特性】一年生草本，晚熟品种，幼苗习性为半直立，幼苗叶鞘绿色，幼苗叶片绿色，茎秆直立，抽穗期茎和叶片均为绿色，株高198cm，茎粗15.4mm，单株有效茎数14.7个，籽粒着生高度66.7cm。花药黄色，柱头紫色，鞘状苞颜色绿色。成熟期苞果珐琅质地，灰色或白色，果仁颜色棕色，长9.4mm、宽6.3mm，百粒重14.1g，单株产量55.8g。当地农民认为该品种优质、耐贫瘠。

【优异特性与利用价值】株高较高，苞果珐琅质地。可食用，或加工工艺品，也可作为育种材料。

【濒危状况及保护措施建议】扩大种植面积，异地保存种质资源。

第十一章

浙江省棉花、豆薯、穄子、燕麦、藜种质资源

第一节 棉　　花

1 矮秆棉 【学　名】Malvaceae（锦葵科）*Gossypium*（棉属）*Gossypium hirsutum*（陆地棉）。
【采集地】浙江省宁波市慈溪市。

【主要特征特性】植株塔型。雌雄同花，花白色，花粉黄色。掌形。茎秆绿色，少量茸毛。单株果枝数6~9台，果枝铃数3.3个[①]，果枝节间短。纤维白色，纤维长度28.9mm，比强度28.6cN/tex，亩产纤维101.4kg。4月中旬营养钵育苗，5月上中旬适时移栽，采收期9月初，全生育期128.5天。抗倒伏能力差。

【优异特性与利用价值】植株塔型，纤维白色。果枝节间短，矮秆，生育期稍短，具有较高的育种利用价值。

【濒危状况及保护措施建议】在宁波市慈溪市及其周边乡镇均有种植。在异位妥善保存的同时，建议扩大种植面积。

---

① 【主要特征特性】所列棉花种质资源的果枝铃数均为田间调查10株的平均值。

2 慈溪白棉花

【学　名】Malvaceae（锦葵科）Gossypium（棉属）Gossypium hirsutum（陆地棉）。

【采集地】浙江省宁波市慈溪市。

【主要特征特性】植株塔型。雌雄同花，花白色，花粉黄色。掌形。茎秆绿色，少量茸毛。单株果枝数7～9台，果枝铃数3.1个。纤维白色，纤维长度29.9mm，比强度27.6cN/tex，亩产纤维109.4kg。4月中旬营养钵育苗，5月上中旬适时移栽，采收期9月初，全生育期134.5天。抗倒伏能力差。

【优异特性与利用价值】植株塔型，纤维白色。生育期中等，具有较高的育种利用价值。

【濒危状况及保护措施建议】在宁波市慈溪市及其周边乡镇均有种植。在异位妥善保存的同时，建议扩大种植面积。

3 慈溪棉花

【学　名】Malvaceae（锦葵科）*Gossypium*（棉属）*Gossypium hirsutum*（陆地棉）。
【采集地】浙江省宁波市慈溪市。

【主要特征特性】植株塔型。雌雄同花，花白色，花粉黄色。掌形。茎秆绿色，少量茸毛。单株果枝数7～9台，果枝铃数3.2个。纤维白色，纤维长度28.2mm，比强度27.8cN/tex，亩产纤维113.0kg。4月中旬营养钵育苗，5月上中旬适时移栽，采收期9月初，全生育期131.5天。抗倒伏能力差。

【优异特性与利用价值】植株塔型，纤维白色。抗性优，具有较高的育种利用价值。

【濒危状况及保护措施建议】在宁波市慈溪市、余姚市及其周边乡镇均有种植。在异位妥善保存的同时，建议扩大种植面积。

4 慈溪紫棉花

【学 名】Malvaceae（锦葵科）*Gossypium*（棉属）*Gossypium hirsutum*（陆地棉）
【采集地】浙江省宁波市慈溪市。

【主要特征特性】植株塔型。雌雄同花，花白色，花粉黄色。掌形。茎秆绿色，少量茸毛。单株果枝数7～9台，果枝铃数3.2个。纤维棕色，纤维长度28.9mm，比强度26.3cN/tex，亩产纤维98.4kg。4月中旬营养钵育苗，5月上中旬适时移栽，采收期9月初，全生育期132.5天。抗倒伏能力差。

【优异特性与利用价值】植株塔型，纤维棕色。生育期中等，具有较高的育种利用价值。

【濒危状况及保护措施建议】在宁波市慈溪市及其周边乡镇均有种植。在异位妥善保存的同时，建议扩大种植面积。

5 余姚紫棉花

【学 名】Malvaceae（锦葵科）Gossypium（棉属）Gossypium hirsutum（陆地棉）。
【采集地】浙江省宁波市余姚市。

【主要特征特性】植株塔型。雌雄同花，花白色，花粉黄色。掌形。茎秆绿色，少量茸毛。单株果枝数7~9台，果枝铃数3.1个。纤维棕色，纤维长度29.1mm，比强度28.6cN/tex，亩产纤维93.4kg。4月中旬营养钵育苗，5月上中旬适时移栽，采收期9月初，全生育期133.5天。抗倒伏能力差。

【优异特性与利用价值】植株塔型，纤维棕色。生育期中等，具有较高的育种利用价值。

【濒危状况及保护措施建议】在宁波市余姚市及其周边乡镇均有种植。在异位妥善保存的同时，建议扩大种植面积。

第二节　豆　　薯

1 开化豆薯

【学　名】Leguminosae（豆科）*Pachyrhizus*（豆薯属）*Pachyrhizus erosus*（豆薯）。
【采集地】浙江省衢州市开化县。

【主要特征特性】缠绕草质藤本，株高4.55m。全生育期200天。根块状，纺锤形或扁球形，单株薯块产量1.68kg，薯块高度11.5cm，单株薯块数1～2个，薯块肉质洁白、脆甜。羽状复叶具3小叶，侧原偏斜。总状花序，花冠浅紫色，旗瓣近圆形，翼瓣镰刀形，龙骨瓣近镰刀形，花药黄色。花期7～10月。荚果带形，长10cm、宽12～15mm，扁平，被细长糙伏毛，黄色。每荚种子数8～10粒，近方形，长7.3mm、宽5.9mm，扁平，黄色，种脐白色，百粒重9.7g。当地农民认为该品种优质。

【优异特性与利用价值】块根肉质洁白、脆甜，可作为蔬菜，也可作为育种材料。

【濒危状况及保护措施建议】建议扩大种植面积，采取异地保存。

第三节　穄　子

1 鸡爪粟

【学　名】Grarnineae（禾本科）*Eleusine*（穄属）*Eleusine coracana*（穄子）。

【采集地】浙江金华市武义县。

【主要特征特性】一年生粗壮簇生草本植物，全生育期100～110天，植株直立，株高90cm，常分枝，主茎分枝数5.0个，主茎节数8.0个，穗下节间长15.4cm，叶鞘长于节间，光滑，绿色，叶线形，绿色。穗状花序5～8个，呈指状着生秆顶，主穗长度8.6cm，果为囊果，种子近球形，种皮红色，表面皱缩，千粒重2.0g，籽粒长1.7mm、宽1.4mm。当地农民认为该品种品质糯、耐贫瘠，早期作主粮，现在用于制作粟米饼等。

【优异特性与利用价值】早期作主粮，现在主要用于制作粟米饼、粥、糍粑、粟浆，或用来炒猪肉、酿酒，可作婴儿枕头的充填物。可作育种材料。

【濒危状况及保护措施建议】当地种植面积很小，建议采取异地保存，并扩大种植面积。

2 鸭掌粟

【学　名】Gramineae（禾本科）*Eleusine*（穄属）*Eleusine coracana*（穄子）。
【采集地】浙江丽水市遂昌县。

【主要特征特性】全生育期100～110天，植株粗壮簇生，茎秆直立，绿色，株高88cm，常分枝，主茎分枝数5.0个，主茎节数5.7个，穗下节间长16.4cm，叶鞘长于节间，光滑，绿色，叶线形，绿色。穗状花序5～8个呈指状着生秆顶，成熟时常内曲，主穗长度7.7cm，主穗直径3.8cm，穗形为鸡爪形，果为囊果，种子近球形，红色，表面皱缩，千粒重2.1g，籽粒长1.7mm、宽1.4mm。当地农民认为该品种耐旱、耐贫瘠。

【优异特性与利用价值】早期作主粮，现在主要用于制作粟米饼、粥、糍粑、粟浆，或用来炒猪肉、酿酒，可作婴儿枕头的充填物。可作育种材料。

【濒危状况及保护措施建议】当地种植面积很小，建议采取异地保存，并扩大种植面积。

第四节　燕　麦

1 嘉善燕麦 　【学　名】Gramineae（禾本科）*Avena*（燕麦属）*Avena sativa*（燕麦）。
【采集地】浙江省嘉兴市嘉善县。

【主要特征特性】属野生资源。株高110.7cm，偏高，抗倒伏。幼苗直立，叶片较宽，叶长25～35cm，叶色浅绿，株型松散，圆锥花序，金字塔形，皮燕麦，籽粒黑色，千粒重21.5g。11月中下旬播种，翌年5月收获，全生育期200天。

【优异特性与利用价值】当地农民自留，食用或饲用。

【濒危状况及保护措施建议】在嘉善县各乡镇仅少数农户零星种植，已很难收集到。建议异位妥善保存。

2 缙云燕麦

【学　名】Gramineae（禾本科）*Avena*（燕麦属）*Avena sativa*（燕麦）。

【采集地】浙江省丽水市缙云县。

【主要特征特性】属野生资源。株高108.7cm，偏高，抗倒伏。幼苗直立，叶片较宽，叶长25～40cm，叶色浅绿，株型松散，圆锥花序，金字塔形，皮燕麦，籽粒黑色，千粒重21.0g。11月中下旬播种，翌年5月收获，全生育期205天。

【优异特性与利用价值】当地农户自留，食用或饲用。

【濒危状况及保护措施建议】在缙云县各乡镇仅少数农户零星种植，已很难收集到。建议异位妥善保存。

第五节　藜

1 庆元藜麦

【学　名】Chenopodiaceae（藜科）*Chenopodium*（藜属）*Chenopodium album*（藜）。
【采集地】浙江省丽水市庆元县。

【主要特征特性】植株直立，中熟，耐干旱能力强。簇生花，花黄色，花粉黄色。叶绿色，椭圆形。茎秆绿色，少量茸毛。单株分枝数5～8个，二级分枝多。种皮黄色，籽仁白色，千粒重3.51g。6月中下旬播种，采收期10月上中旬，全生育期113.5天，荚果亩产量102.5kg。抗倒伏能力差。

【优异特性与利用价值】植株直立型，营养全面。苗期可以菜用，亦可以收获熬粥食用，具有较高的育种利用价值。

【濒危状况及保护措施建议】在丽水市庆元县、龙泉市及其周边乡镇均有种植。在异位妥善保存的同时，建议扩大种植面积。

参 考 文 献

程伟东, 覃兰秋, 谢和霞, 等. 2020. 广西农作物种质资源·玉米卷. 北京: 科学出版社.

刘旭, 郑殿生, 黄兴奇. 2013. 云南及周边地区农业生物资源调查. 北京: 科学出版社.

阮晓亮, 石建尧. 2008. 浙江省农作物种质资源现状与保护利用对策的探讨. 浙江农业科学, (1): 1-4.

吴伟, 卞晓波, 童琦珏. 2015. 浙江省农作物种质资源保护利用管理工作思考. 浙江农业科学, 56(5): 722-726.

严华兵, 黄咏梅, 周灵芝, 等. 2020. 广西农作物种质资源·薯类作物卷. 北京: 科学出版社.

浙江省农业志编纂委员会. 2004. 浙江省农业志. 北京: 中华书局.

浙江省统计局. 2021. 浙江统计年鉴2021. http://tjj.zj.gov.cn/col/col1525563/index.html [2021-10-28].

附 表

附表 1 小麦资源基本性状表

序号	作物名称	品种名称	株高(cm)	全生育期(天)	芒	壳色	穗长(cm)	每穗小穗数(个)	穗粒数(粒)	籽粒形状	千粒重(g)	采集地
1	小麦	矮秆红	119.7	182	上部短芒	红	9.7	19.6	44.0	卵圆	37.5	杭州市临安区
2	小麦	本地小麦	117.0	178	长芒	白	10.5	18.4	45.8	卵圆	33.0	宁波市宁海县
3	小麦	后辽麦	113.0	185	顶芒	白	7.0	17.8	42.6	卵圆	36.0	台州市临海市
4	小麦	矿洪小麦	90.7	183	长芒	白	9.8	17.0	39.0	卵圆	52.5	金华市武义县
5	小麦	满江红	134.7	185	无	白	11.6	19.2	48.6	卵圆	35.5	温州市文成县
6	小麦	省区5号	90.0	182	无	白	8.4	18.6	39.0	卵圆	39.5	金华市磐安县
7	小麦	扬麦4号	155.0	182	上部短芒	白	14.1	19.8	46.6	卵圆	52.0	绍兴市诸暨市
8	小麦	宜均麦	145.7	184	上部短芒	白	14.4	19.8	54.8	卵圆	48.0	绍兴市诸暨市
9	小麦	浙908	103.0	180	无	白	9.7	19.4	71.6	卵圆	36.0	绍兴市诸暨市
		最小值	90.0				7.0	17.0	39.0		33.0	
		最大值	155.0				14.4	19.8	71.6		52.5	

附表 2 大麦资源基本性状表

序号	作物名称	品种名称	株高(cm)	全生育期(天)	穗型	芒	壳色	穗长(cm)	穗粒数(粒)	籽粒形状	籽粒色	千粒重(g)	采集地
1	大麦	碧湖方头大麦	118.3	165	六棱裸大麦	长	黄	6.8	53.0	椭圆	黄	37.0	丽水市莲都区
2	大麦	大麦757	109.3	163	六棱皮大麦	长	黄	6.2	61.6	椭圆	黄	36.5	绍兴市诸暨市
3	大麦	东阳大麦	121.0	160	二棱皮大麦	长	黄	7.5	32.6	椭圆	黄	54.0	金华市东阳市

续表

序号	作物名称	品种名称	株高(cm)	全生育期(天)	穗型	芒	壳色	穗长(cm)	穗粒数(粒)	籽粒形状	籽粒色	千粒重(g)	采集地
4	大麦	景宁大麦	118.7	160	四棱裸大麦	长	黄	11.4	54.6	椭圆	黄	33.5	丽水市景宁畲族自治县
5	大麦	两撒胡大麦	107.3	162	二棱皮大麦	长	黄	8.6	32.4	纺锤	黄	52.0	杭州市淳安县
6	大麦	宁海二棱大麦	112.7	160	二棱皮大麦	长	黄	7.1	28.8	椭圆	黄	54.5	宁波市宁海县
7	大麦	瑞安大麦	76.3	165	二棱皮大麦	长	黄	8.9	30.4	椭圆	黄	54.0	温州市瑞安市
		最小值	76.3	160				6.2	28.8			33.5	
		最大值	121.0	165				11.4	61.6			54.5	

附表3　荞麦资源基本性状表

序号	作物名称	品种名称	类型	熟期	全生育期(天)	株高(cm)	茎粗(mm)	主茎节数(个)	主茎分枝数(个)	单株花序数(个)	单花序种子数(粒)	籽粒色	籽粒长(mm)	籽粒宽(mm)	千粒重(g)	备注	采集地
1	荞麦	淳安野生荞麦	野生	晚熟	236							红褐	6.8	5.3	45.5	多年生、收获块根	杭州市淳安县
2	荞麦	富阳野荞麦-1	野生	晚熟	243	148	12.3						7.2	5.9	58.7	多年生、收获块根	杭州市富阳区
3	荞麦	富阳野荞麦-2	野生	晚熟	243							红褐	7.2	5.6	59.5	多年生、收获块根	杭州市富阳区
4	荞麦	磐安野荞麦	野生	晚熟	256								7.7	6.2	68.7	多年生、收获块根	金华市磐安县
5	荞麦	淳安苦荞麦	农户品种	早熟	67	103	6.3	19.0	5.9	75.2	4.6		5.3	2.9	20.9		杭州市淳安县
6	荞麦	淳安甜荞麦	农户品种	晚熟	81	137	7.7	15.6	5.2	90.5	3.1		5.3	3.6	29.0		杭州市淳安县

续表

序号	作物名称	品种名称	类型	熟期	全生育期（天）	株高（cm）	茎粗（mm）	主茎节数（个）	主茎分枝数（个）	单株花序数（个）	单花序种子数（粒）	籽粒色	籽粒长（mm）	籽粒宽（mm）	千粒重（g）	备注	采集地
7	荞麦	建德苦荞	农户品种	晚熟	81	86	6.0	11.4	3.7	52.0	3.2	深灰	5.3	2.9	20.0		杭州市建德市
8	荞麦	建德甜荞	农户品种	晚熟	81	141	8.0	18.9	3.0	90.6	3.2	灰花	6.2	3.6	29.4		杭州市建德市
9	荞麦	临安荞麦-1	农户品种	中熟	67	132	7.1	15.6	5.3	81.6	3.6	灰花	6.2	3.5	26.9		杭州市临安区
10	荞麦	临安荞麦-2	农户品种	中熟	67	119	6.9	16.6	4.8	107.4	3.0		5.9	3.4	24.7		杭州市临安区
11	荞麦	磐安甜荞	农户品种	晚熟	83	140	7.7	16.3	3.9	96.6	3.0	褐花	6.6	3.9	32.1		金华市磐安县
12	荞麦	衢江荞麦	农户品种	晚熟	83	134	7.3	16.0	4.9	96.8	3.4	褐	6.5	3.7	28.5		衢州市衢江区
13	荞麦	天台荞麦	农户品种	晚熟	81	132	7.4	15.0	4.6	87.2	2.3	灰花	6.7	3.9	34.6		台州市天台县
14	荞麦	武义苦荞麦	农户品种	晚熟	81	114	6.8	20.3	6.9	52.0	3.2	深灰	5.5	3.0	21.8		金华市武义县
15	荞麦	武义荞麦	农户品种	早熟	59	81	5.5	11.4	3.8	46.2	3.0	灰花	6.9	4.0	35.3		金华市武义县
		最小值			59	81	5.5	11.4	3.0	46.2	2.3		5.3	2.9	20.0		
		最大值			256	148	12.3	20.3	6.9	107.4	4.6		7.7	6.2	68.7		

附表 4　玉米资源基本性状表

序号	作物名称	品种名称	类型	类型2	糯否	全生育期（天）	熟期	株高（cm）	穗位高（cm）	穗长（cm）	穗粗（cm）	穗行数（行）	行粒数（粒）	粒深（mm）	穗轴色	百粒重（g）	籽粒色	采集地
1	玉米	120日黄	硬粒型		否	122	晚熟	250.0	172.3	20.5	4.7	12.0	34.5	9.8	白	28.2	黄	杭州市淳安县
2	玉米	90日黄	硬粒型		否	101	中熟	260.0	170.3	14.5	3.9	16.0	20.5	8.8	白	26.2	黄	杭州市淳安县
3	玉米	白苞萝	硬粒型		否	140	晚熟	170.8	95.0	12.0~17.0	4.0	14.0	38.2	9.8	白	31.5	乳白	衢州市开化县
4	玉米	白籽玉米	硬粒型		否	121	晚熟	227.6	149.2	22.3	4.0	12.0	44.2	9.6	白	32.5	乳白	衢州市开化县
5	玉米	淳安黄玉米	硬粒型		否	120	晚熟	200.5	112.4	20.5	4.2	14.0	32.5	8.9	白	32.3	黄	杭州市淳安县
6	玉米	东阳白玉米	硬粒型		否	122	晚熟	315.0	170.0	20.5	3.9	12.0	42.3	9.6	白	32.5	白	金华市东阳市
7	玉米	黑籽玉米	硬粒型		否	103	中熟	175.4	97.0	13.2	3.2	10.0	27.3	8.2	白	20.5	红至深红	衢州市开化县
8	玉米	红爆玉米	硬粒型	爆裂专用型	否	140	晚熟	150.0	60.0	9.2	2.7	12.4	22.3	6.5	白	24.1	红	温州市泰顺县
9	玉米	红玉米	硬粒型		否	126	晚熟	192.3	84.2	20.3	4.4	12.0	31.6	9.3	白	30.3	红	杭州市淳安县
10	玉米	花玉米	硬粒型		否	123	晚熟	205.3	114.2	20.8	4.4	14.0	31.6	9.6	白	30.3	紫黄相间	杭州市淳安县
11	玉米	黄种玉米	硬粒型		否	130	晚熟	250.0	130.0	17.0~19.0	4.2	10.4	28.0	8.9	白	29.9	黄	杭州市临安区
12	玉米	黄籽玉米	硬粒型		否	123	晚熟	249.7	164.1	21.3	4.2	12.0	36.6	9.7	白	31.3	黄	衢州市开化县

续表

序号	作物名称	品种名称	类型	类型2	糯否	全生育期（天）	熟期	株高（cm）	穗位高（cm）	穗长（cm）	穗粗（cm）	穗行数（行）	行粒数（粒）	粒深（mm）	穗轴色	百粒重（g）	籽粒色	采集地
13	玉米	江山山玉米	硬粒型		否	131	晚熟	197.6	114.2	17.5	3.7	14.0	31.6	8.7	白	30.3	黄	衢州市江山市
14	玉米	龙游大街山玉米	硬粒型		否	130	晚熟	185.0	90.0	15.2	3.9	12.0	30.5	9.5	白	30.5	黄	衢州市龙游县
15	玉米	龙游庙下山玉米	硬粒型		否	133	晚熟	185.0	95.0	17.2	4.7	12.0	32.3	10.5	白	31.5	黄	衢州市龙游县
16	玉米	黑梅玉米	硬粒型		否	95	早熟	167.0	57.0	10.0	2.8	12.4	28.4	7.6	白	25.5	黑	杭州市萧山区
17	玉米	浦江山玉米	硬粒型		否	122	晚熟	260.0	140.0	21.5	4.1	14.2	35.5	8.5	白	32.5	黄	金华市浦江县
18	玉米	山黄子	硬粒型		否	125	晚熟	250.0	124.0	18.0	4.2	16.0	34.5	9.0	白	30.2	黄	金华市武义县
19	玉米	桐庐山苞萝	硬粒型		否	110	中熟	174.0	94.0	16.0	4.5	13.4	36.6	9.6	白	30.5	黄	杭州市桐庐县
20	玉米	土苞萝	硬粒型		否	120	晚熟	190.8	90.0	16.0~19.0	4.0	12.0	36.0	9.7	白	29.3	黄	丽水市松阳县
21	玉米	仙居120天玉米	硬粒型		否	125	晚熟	181.0	100.0	15.0~17.0	5.2	14.0	31.0	9.9	白	29.9	黄	台州市仙居县
22	玉米	小粒黄	硬粒型		糯	125	晚熟	210.0	110.0	22.3	4.3	16.4	44.2	8.6	白	29.3	黄	金华市武义县
23	玉米	梓桐白玉米	硬粒型		否	150	晚熟	300.0	150.0	20.1	4.7	13.6	42.0	11.0	白	32.4	白	杭州市淳安县
24	玉米	淳安白玉米	半马齿型		糯	122	晚熟	230.5	122.4	14.5	4.3	14.0	27.3	9.2	白	31.3	白	杭州市淳安县

续表

序号	作物名称	品种名称	类型	类型2	全生育期(天)	糯否	熟期	株高(cm)	穗位高(cm)	穗长(cm)	穗粗(cm)	穗行数(行)	行粒数(粒)	粒深(mm)	穗轴色	百粒重(g)	籽粒色	采集地
25	玉米	大粒长	半马齿型		123	否	晚熟	230.0	115.0	25.4	4.5	14.4	46.2	12.0	白	33.5	黄	金华市武义县
26	玉米	富阳黄玉米	半马齿型		120	否	晚熟	252.0	127.0	18.0	4.4	10.8	30.6	7.8	白	37.8	黄	杭州市富阳区
27	玉米	庆元玉米	半马齿型		120	糯	晚熟	250.0	110.0	13.0~16.0	4.3	10.2	28.0	8.8	白	26.9	白	丽水市庆元县
28	玉米	磐安白子	半马齿型		115~125	糯	晚熟	260.0	130.0	18.4	4.8	16.0~18.0	34.0	10.5	白	30.5	白	金华市磐安县
29	玉米	衢州玉米	半马齿型		125	否	晚熟	200.0	105.0	17.0~21.0	4.8	10.2	38.0	9.4	白	28.9	黄	衢州市衢江区
30	玉米	新昌120天玉米	半马齿型		123	否	晚熟	270.0	120.0	19.5	4.4	14.4	44.2	9.5	白	32.3	白	绍兴市新昌县
		最小值						150.0	57.0	9.2	2.7	10.0	20.5	6.5		20.5		
		最大值						315.0	172.3	25.4	5.2	18.0	46.2	12.0		37.8		

附表 5 高粱资源基本性状表

序号	作物名称	品种名称	类型	全生育期(天)	株高(cm)	穗柄伸出长度(cm)	茎粗(cm)	主穗长(cm)	芒长	颖壳包被程度	颖壳色	籽粒色	籽粒形状	千粒重(g)	采集地
1	高粱	嘉善高粱	甜	125	286.8	35.8	2.2	33.6	长	1/2	红	黄	圆形	13.6	嘉兴市嘉善县
2	高粱	煎糖粟	甜	157	350.0	32.8	3.1	34.0	短	3/4	红	白	椭圆形	19.5	丽水市松阳县
3	高粱	甜粟	甜	125	280.0	42.0	1.6	55.6	长	全包	黑	浅黄	椭圆形	12.5	宁波市慈溪市
4	高粱	桐乡高粱-1	甜	125	242.5	44.4	1.6	39.8	长	1/2	黑	浅黄	卵形	22.3	嘉兴市桐乡市

续表

序号	作物名称	品种名称	类型	全生育期(天)	株高(cm)	穗柄伸出长度(cm)	茎粗(cm)	主穗长(cm)	芒长	颖壳包被程度	颖壳色	籽粒色	籽粒形状	千粒重(g)	采集地
5	高粱	武义芦稷	甜	125	303.4	37.4	1.7	58.4	短	3/4	黑	红	椭圆形	13.4	金华市武义县
6	高粱	大门本地高粱	糯	105	199.4	38.0	1.4	56.2	长	籽粒裸露	灰	红	圆形	22.2	温州市洞头区
7	高粱	干窑高粱	糯	125	258.6	45.0	1.1	57.8	长	3/4	褐	浅黄	椭圆形	17.1	嘉兴市嘉善县
8	高粱	高粱秦	糯	105	213.6	42.8	1.5	47.8	长	1/4	褐	浅黄	椭圆形	23.7	丽水市松阳县
9	高粱	黄岩高粱	糯	155	283.6	38.6	1.5	51.2	短	1/2	黄	浅黄	卵形	28.0	台州市黄岩区
10	高粱	景宁高粱	糯	125	207.6	40.4	1.6	48.0	长	3/4	灰	红	椭圆形	16.2	丽水市景宁畲族自治县
11	高粱	开眼芦稷	糯	105	215.0	38.6	1.6	52.2	长	1/4	黑	红	卵形	21.2	金华市浦江县
12	高粱	兰溪本地高粱	糯	115	223.2	38.0	1.7	51.6	长	1/4	红	红	椭圆形	23.5	金华市兰溪市
13	高粱	临安高粱	糯	105	162.7	38.6	1.5	34.2	短	1/4	褐	褐	卵形	17.1	杭州市临安区
14	高粱	庆元高粱	糯	125	247.0	32.6	1.8	57.8	长	3/4	红	红	椭圆形	21.3	丽水市庆元县
15	高粱	衢州高粱1	糯	115	290.0	36.6	1.9	55.8	长	1/2	黑	红	卵形	21.0	衢州市开化县
16	高粱	衢州高粱2	糯	135	309.8	38.6	1.7	95.8	短	1/4	黑	红	椭圆形	22.9	衢州市开化县
17	高粱	桐乡高粱-2	糯	125	165.2	36.8	1.4	42.9	长	全包	褐	褐	椭圆形	17.7	嘉兴市桐乡市
18	高粱	桐乡高粱-3	糯	125	189.6	37.2	1.2	53.4	长	1/2	褐	褐	椭圆形	17.8	嘉兴市桐乡市
		最小值		105	162.7	32.6	1.1	33.6						12.5	
		最大值		157	350.0	45.0	3.1	95.8						28.0	

附表 6　谷子资源基本性状表

序号	作物名称	品种名称	全生育期(天)	株高(cm)	主茎节数(个)	主茎长(cm)	主茎粗(mm)	穗下节间长(cm)	单株草重(g)	穗码密度(个/cm)	主穗长(cm)	主穗宽(cm)	单株穗重(g)	籽粒长(mm)	籽粒宽(mm)	千粒重(g)	单株籽粒重(g)	籽粒色	粟米色	采集地
1	谷子	矮黄粟	99	155.6	13.4	136.0	8.37	38.8	18.7	6.8	19.6	2.0	14.18			2.02	11.59	黄白	黄白	台州市三门县
2	谷子	淳安红粟	107	173.6	13.8	154.0	6.45	33.8	26.0	中疏	30.7	2.1	21.73			2.44	19.44	橙红	黄	杭州市淳安县
3	谷子	淳安黄粟	100	112.0	11.8	95.0	7.49	29.0	9.3	7.4	18.9	1.8	7.81	1.75	1.28	1.65	6.19	橙黄	黄	杭州市淳安县
4	谷子	东阳黄粟	100	136.0	14.2	117.0	7.94	30.0	12.0	9.3	18.5	1.9	9.94	2.10	1.41	2.22	8.04	橙	黄	金华市东阳市
5	谷子	红壳粟	100	160.0	14.4	140.0	7.22	34.9	16.1	7.6	18.5	1.8	10.45	2.16	1.43	2.31	8.29	橙红	黄	台州市天台县
6	谷子	黄壳粟	111	175.6	13.8	156.0	6.26	35.6	18.0	中疏	25.1	2.3	22.72			2.29	19.38	黄	浅黄	台州市天台县
7	谷子	建德谷子	100	96.0	13.4	86.0	6.29	30.5	7.3	8.4	11.6	1.6	5.00	2.02	1.37	2.06	3.88	黄白	黄白	杭州市建德市
8	谷子	景宁小米	89	137.0	14.8	117.0	6.95	30.9	15.1	7.6	20.0	1.9	12.72	2.10	1.41	2.22	9.45	黄	黄	丽水市景宁畲族自治县
9	谷子	龙泉黄粟	102	139.0	13.8	116.0	6.00	31.0	8.6	7.1	22.3	1.4	4.69	1.82	1.21	1.45	3.47	褐	浅黄	丽水市龙泉市
10	谷子	宁海小米	99	129.0	14.0	111.0	8.22	35.6	16.4	6.3	19.8	2.2	13.29	2.12	1.48	2.38	11.3	黄	浅黄	宁波市宁海县
11	谷子	粟糯	100	128.0	12.2	116.0	6.66	39.8	13.9	9.7	16.2	1.8	13.93	1.98	1.49	2.34	7.28	橙	黄	金华市武义县
12	谷子	铁子粟	103	118.0	15.6	106.0	7.42	37.2	12.9	8.7	12.9	1.6	6.30	2.07	1.39	2.13	4.36	浅黄	浅黄	金华市浦江县

序号	作物名称	品种名称	全生育期(天)	株高(cm)	主茎节数(个)	主茎长(cm)	主茎粗(mm)	穗下节间长(cm)	单株草重(g)	穗码密度(个/cm)	主穗长(cm)	主穗宽(cm)	单株穗重(g)	籽粒长(mm)	籽粒宽(mm)	千粒重(g)	单株籽粒重(g)	籽粒色	粟米色	采集地
13	谷子	萧山小米	103	119.0	13.4	107.0	7.42	37.2	12.9	中疏	28.0	2.0	12.85			2.38	9.89	黄	黄	杭州市萧山区
14	谷子	小蓬红粟	117	175.6	14.2	160.0	5.98	32.0	22.0	中疏	28.4	2.1	25.68			2.42	21.41	黄	黄	金华市浦江县
15	谷子	永嘉黄粟	101	89.0	14.4	74.0	5.96	23.6	8.0	9.2	15.0	1.5	6.20	1.92	1.43	2.23	4.31	黄	浅黄	温州市永嘉县
		最小值	89	89.0	11.8	74.0	5.96	23.6	7.3	6.3	11.6	1.4	4.69	1.75	1.21	1.45	3.47			
		最大值	117	175.6	15.6	160.0	8.37	39.8	26.0	9.7	30.7	2.3	25.68	2.16	1.49	2.44	21.41			

附表7 甘薯资源基本性状表

序号	作物名称	品种名称	类型	株型	最长蔓长(cm)	分枝数(个)	茎直径(mm)	叶柄长(cm)	节间长(cm)	薯皮色	薯肉色	单株结薯(个)	亩产(kg)	干物质含量(%)	淀粉含量(%)	生薯鲜基可溶性糖含量(%)	熟薯可溶性糖含量(%)	鲜薯胡萝卜素含量(mg/100g)	鲜薯花青素含量(mg/100g)	采集地
1	甘薯	868	淀粉型	匍匐	168.9	4.6	6.9	25.2	5.2	红	淡黄	3.2	2146	35.6	24.5	4.1	10.9			湖州市长兴县
2	甘薯	白皮栗番薯	淀粉型	匍匐	168.4	5.9	7.3	22.7	4.5	白	淡黄	2.4	1685	32.3	21.7	4.7	11.6			台州市仙居县
3	甘薯	超胜5号	淀粉型	半直立	124.3	6.2	5.2	21.1	3.4	浅红	黄	2.6	2066	32.4	21.9	5.5	10.7			绍兴市嵊州市
4	甘薯	翘蓬	淀粉型	半直立	84.5	7.4	6.5	14.4	4.3	红	白至淡黄	2.2	1806	30.5	20.1	5.2	9.8			温州市永嘉县

续表

序号	作物名称	品种名称	类型	株型	最长蔓长(cm)	分枝数(个)	茎直径(mm)	叶柄长(cm)	节间长(cm)	薯皮色	薯肉色	单株结薯(个)	亩产(kg)	干物质含量(%)	淀粉含量(%)	生薯鲜基可溶性糖含量(%)	熟薯可溶性糖含量(%)	鲜薯胡萝卜素含量(mg/100g)	鲜薯花青素含量(mg/100g)	采集地
5	甘薯	东阳红皮白心	淀粉型	匍匐	219.2	5.7	6.3	22.8	4.5	红	白	2.2	1867	30.4	19.8	5.6	11.6			金华市东阳市
6	甘薯	岗头白	淀粉型	匍匐	181.4	6.2	5.2	22.7	4.5	红	淡黄	5.5	2187	32.9	22.3	6.5	10.3			宁波市奉化区
7	甘薯	海盐红皮白心	淀粉型	半直立	164.3	6.2	5.9	22.6	4.3	红	淡黄	2.7	1946	32.0	21.4	5.7	8.3			嘉兴市海盐县
8	甘薯	杭州番薯	淀粉型	匍匐	159.8	5.7	6.3	22.6	4.2	红	黄	1.8	1846	34.5	23.6	6.4	7.1			金华市浦江县
9	甘薯	红番薯	淀粉型	匍匐	228.5	6.8	7.1	23.1	5.8	红	淡黄	3.8	2608	33.3	22.6	4.4	10.9			绍兴市诸暨市
10	甘薯	后隆番薯	淀粉型	半直立	135.4	7.8	5.2	21.1	4.2	红	黄	2.3	1846	31.4	20.8	4.8	9.2			温州市苍南县
11	甘薯	建德番薯	淀粉型	匍匐	158.9	6.2	6.8	18.7	4.7	红	黄	2.6	2046	30.4	20.1	6.0	9.7			杭州市建德市
12	甘薯	临安白甘薯	淀粉型	匍匐	263.4	3.6	5.3	14.2	5.6	白	白	2.6	2086	34.9	24.0	5.8	10.4			杭州市临安区
13	甘薯	南京勇	淀粉型	匍匐	189.2	5.6	6.9	18.7	5.1	红	黄	2.9	1786	30.5	20.1	4.8	10.4	0.6		丽水市缙云县
14	甘薯	南京子	淀粉型	匍匐	158.4	5.7	5.7	18.4	4.7	红	黄	2.6	1946	29.9	19.6	5.9	9.3			金华市武义县
15	甘薯	青藤番薯	淀粉型	匍匐	182.9	6.2	6.1	18.6	3.8	黄	白	2.8	2187	31.8	21.3	5.1	10.8			金华市永康市
16	甘薯	胜利百号	淀粉型	匍匐	168.7	6.1	7.0	18.4	4.1	浅红	黄	2.8	1825	30.1	19.6	4.8	8.6	0.7		台州市临海市

续表

序号	作物名称	品种名称	类型	株型	最长蔓长 (cm)	分枝数 (个)	茎直径 (mm)	叶柄长 (cm)	节间长 (cm)	薯皮色	薯肉色	单株结薯 (个)	亩产 (kg)	干物质含量 (%)	淀粉含量 (%)	生薯鲜基可溶性糖含量 (%)	熟薯可溶性糖含量 (%)	鲜薯胡萝卜素含量 (mg/100g)	鲜薯花青素含量 (mg/100g)	采集地
17	甘薯	桐乡红皮白心	淀粉型	匍匐	157.9	6.3	6.2	23.2	3.8	红	淡黄	3.6	1966	34.4	23.6	3.4	8.7			嘉兴市桐乡市
18	甘薯	万斤薯	淀粉型	匍匐	166.9	5.8	7.1	20.3	3.9	浅红	黄	2.8	2215	31.5	20.7	5.2	10.9			丽水市莲都区
19	甘薯	武义红皮白心	淀粉型	匍匐	162.8	6.1	7.0	23.2	3.8	红	淡黄	3.6	2207	30.5	20.2	3.5	8.7			金华市武义县
20	甘薯	苋菜番薯	淀粉型	半直立	136.5	7.1	6.4	18.7	3.2	白	淡黄	2.2	2107	30.5	20.8	5.7	6.7			温州市瑞安市
21	甘薯	小叶青藤	淀粉型	匍匐	189.2	6.3	6.1	19.7	3.9	棕黄	黄	2.2	2127	30.5	20.1	5.3	11.7			丽水市缙云县
22	甘薯	徐薯18	淀粉型	匍匐	188.7	6.2	6.0	18.6	3.7	红	白	2.9	2468	31.6	20.7	4.6	11.9			绍兴市嵊州市
23	甘薯	洋芋薯	淀粉型	匍匐	192.4	5.2	5.8	22.6	5.3	红	淡黄	3.0	1725	33.1	22.4	5.6	10.0			丽水市庆元县
24	甘薯	永康白番薯	淀粉型	匍匐	156.6	5.9	5.0	15.4	3.8	白	淡黄	2.5	2369	31.9	21.4	4.9	9.3			金华市永康市
25	甘薯	北京子	食用型	匍匐	233.4	5.6	6.2	23.5	4.4	棕黄	红	3.3	1986	26.8	16.9	6.0	11.1	4.6		金华市武义县
26	甘薯	苍南红牡丹	高胡萝卜素食用型	半直立	147.2	6.6	5.7	23.3	3.8	红	深红	5.7	2327	24.8	15.2	6.7	10.9	8.5		温州市苍南县
27	甘薯	淳安南瓜番薯	食用型	半直立	129.4	5.7	7.2	21.4	3.5	浅红	橘黄	4.2	2857	21.0	11.9	6.9	8.7	2.2		杭州市淳安县

序号	作物名称	品种名称	类型	株型	最长蔓长(cm)	分枝数(个)	茎直径(mm)	叶柄长(cm)	节间长(cm)	薯皮色	薯肉色	单株结薯(个)	亩产(kg)	干物质含量(%)	淀粉含量(%)	生薯鲜基可溶性糖含量(%)	熟薯可溶性糖含量(%)	鲜薯胡萝卜素含量(mg/100g)	鲜薯花青素含量(mg/100g)	采集地
28	甘薯	更楼番薯	食用型	匍匐	216.9	5.4	6.2	17.2	4.6	黄	黄	3.0	2488	27.4	17.5	4.7	11.2	1.5		杭州市建德市
29	甘薯	红头	食用型	半直立	162.2	7.3	5.3	24.7	4.7	紫红	橘黄	2.2	2106	30.2	19.8	4.6	14.8	1.1		丽水市缙云县
30	甘薯	红尾番薯	食用型	半直立	108.1	6.3	6.4	21.4	3.6	紫红	红	4.2	2086	23.9	14.4	6.1	11.4	3.0		温州市平阳县
31	甘薯	红珍珠	食用型	半直立	144.3	5.6	6.3	24.1	4.0	紫红	红	4.6	2527	23.2	13.8	5.2	10.2	3.1		温州市苍南县
32	甘薯	华北48	食用型	半直立	148.2	6.3	7.4	22.8	3.6	红	橘黄	2.3	2087	27.0	17.1	7.0	14.6	2.5		温州市苍南县
33	甘薯	嘉善番薯	食用型	半直立	119.7	5.6	5.1	18.6	3.3	紫红	橘黄	2.4	2127	28.9	18.7	5.8	15.6	1.4		嘉兴市嘉善县
34	甘薯	建德黄皮黄心	食用型	半直立	114.2	5.1	5.7	19.7	3.4	棕黄	红	3.2	2528	26.4	16.6	6.6	11.6	4.5		杭州市建德市
35	甘薯	金瓜番薯	食用型	匍匐	242.1	6.1	6.3	26.1	4.6	棕黄	红	4.3	2628	26.7	16.9	7.1	12.8	5.3		丽水市莲都区
36	甘薯	金瓜红	食用型	半直立	114.3	6.8	6.5	21.4	2.9	浅红	橘黄	4.4	2145	21.1	12.0	5.8	7.3	2.2		金华市永康市
37	甘薯	金瓜黄	食用型	半直立	124.3	5.8	7.1	16.7	3.5	浅红	橘黄	4.4	2764	21.4	11.7	6.6	10.2	2.1		丽水市莲都区
38	甘薯	老南瓜	食用型	匍匐	242.1	6.1	6.3	26.4	4.6	浅红	红	3.8	2487	23.9	14.4	6.4	13.8	4.6		杭州市淳安县

续表

序号	作物名称	品种名称	类型	株型	最长蔓长(cm)	分枝数(个)	茎直径(mm)	叶柄长(cm)	节间长(cm)	薯皮色	薯肉色	单株结薯(个)	亩产(kg)	干物质含量(%)	淀粉含量(%)	生薯鲜基可溶性糖含量(%)	熟薯可溶性糖含量(%)	鲜薯胡萝卜素含量(mg/100g)	鲜薯花青素含量(mg/100g)	采集地
39	甘薯	莲都红牡丹	食用型	半直立	118.3	8.1	6.1	22.1	3.1	紫红	红	4.3	1866	23.0	13.7	6.6	8.9	3.4		丽水市莲都区
40	甘薯	六十日	食用型	匍匐	326.8	3.7	4.2	17.4	5.6	红	白	3.1	2327	24.2	14.1	7.2	9.7			丽水市龙泉市
41	甘薯	梅尖红	食用型	半直立	168.4	7.3	5.0	21.7	4.4	紫红	橘黄	2.2	1978	28.4	18.3	5.5	13.9	1.5		丽水市缙云县
42	甘薯	蜜东	食用型	半直立	128.6	7.3	4.8	21.6	3.5	紫红	橘黄	1.9	2487	29.0	18.9	4.6	15.7	1.6		温州市苍南县
43	甘薯	莫冬	食用型	匍匐	198.7	6.4	6.8	18.5	4.6	粉红	黄	1.8	2387	22.8	13.5	6.0	13.0	1.2		台州市玉环市
44	甘薯	南京种	食用型	匍匐	89.6	5.2	7.0	13.8	2.7	浅红	黄	2.6	1745	27.9	18.0	6.1	12.6	1.1		金华市永康市
45	甘薯	南京紫	食用型	半直立	96.7	5.4	6.4	14.3	3.3	黄	黄	3.0	1864	29.8	19.5	5.0	10.3	1.8		丽水市莲都区
46	甘薯	南瑞苕	食用型	匍匐	194.5	4.6	5.2	17.4	3.9	棕黄	橘黄	4.2	2124	29.7	19.2	5.8	13.8	2.1		丽水市松阳县
47	甘薯	苹果番薯	食用型	半直立	118.2	6.7	7.1	21.4	3.2	浅红	橘黄	3.5	1894	16.5	7.9	6.5	7.9	2.2		丽水市松阳县
48	甘薯	瑞薯1号	食用型	匍匐	222.4	5.1	7.3	26.2	5.2	白	淡黄	2.6	2646	25.5	15.8	6.2	9.9			温州市苍南县
49	甘薯	三角番薯	食用型	直立	83.6	8.7	5.5	13.7	2.8	红	淡红	3.6	2126	22.8	13.4	6.3	10.9	2.2		台州市仙居县
50	甘薯	苏薯4号	食用型	直立	92.3	8.2	4.9	16.2	2.8	红	淡红	5.2	2426	22.1	12.2	6.5	9.6	2.8		温州市苍南县

续表

序号	作物名称	品种名称	类型	株型	最长蔓长 (cm)	分枝数 (个)	茎直径 (mm)	叶柄长 (cm)	节间长 (cm)	薯皮色	薯肉色	单株结薯 (个)	亩产 (kg)	干物质含量 (%)	淀粉含量 (%)	生薯鲜基可溶性糖含量 (%)	熟薯可溶性糖含量 (%)	鲜薯胡萝卜素含量 (mg/100g)	鲜薯花青素含量 (mg/100g)	采集地
51	甘薯	苏薯8号	食用型	半直立	104.8	8.2	6.5	22.6	3.1	紫红	红	3.9	2608	23.1	13.6	6.8	11.6	3.7		衢州市衢江区
52	甘薯	桐乡黄皮红心	食用型	匍匐	146.4	4.9	6.2	19.6	3.1	棕黄	红	4.1	2489	30.7	20.3	5.7	13.2	5.6		嘉兴市桐乡市
53	甘薯	五个叉	食用型	半直立	110.4	8.2	6.6	20.6	3.2	紫红	红	4.2	2640	21.7	12.5	6.7	8.7	4.1		丽水市缙云县
54	甘薯	五爪薯	食用型	直立	108.3	6.6	6.3	19.0	2.7	红	淡红	3.7	2468	23.6	14.1	5.5	13.8	1.9		温州市苍南县
55	甘薯	武义番薯	食用型	匍匐	189.4	4.8	5.7	22.6	4.4	棕黄	红	3.3	1866	27.1	17.2	5.9	12.2	4.3		金华市武义县
56	甘薯	西瓜番薯	食用型	半直立	109.4	5.7	7.2	17.5	3.3	浅红	橘黄	3.4	2205	19.2	10.3	5.7	9.2	1.9		台州市黄岩区
57	甘薯	香番薯	食用型	半直立	140.9	5.9	6.2	24.1	3.2	紫红	橘黄	3.7	2608	26.4	16.5	5.7	13.9	2.3		台州市仙居县
58	甘薯	心香	食用型	匍匐	166.2	6.7	5.8	20.8	4.3	紫红	橘黄	4.2	2317	31.6	21.1	5.3	14.5	2.1		金华市磐安县
59	甘薯	新种花	食用型	匍匐	157.2	5.6	5.0	21.4	5.3	浅红	黄	5.2	1764	23.7	14.2	6.6	8.9	0.9		丽水市遂昌县
60	甘薯	雪梨番薯	食用型	半直立	109.4	5.7	7.2	17.5	3.3	浅红	橘黄	4.2	2857	19.2	9.8	6.7	7.9	2.6		杭州市临安区
61	甘薯	永嘉红牡丹	食用型	半直立	104.2	7.1	6.6	16.4	2.6	紫红	红	4.3	2046	21.8	12.6	6.0	13.1	3.2		温州市永嘉县

续表

序号	作物名称	品种名称	类型	株型	最长蔓长(cm)	分枝数(个)	茎直径(mm)	叶柄长(cm)	节间长(cm)	薯皮色	薯肉色	单株结薯(个)	亩产(kg)	干物质含量(%)	淀粉含量(%)	生薯鲜基可溶性糖含量(%)	熟薯可溶性糖含量(%)	鲜薯胡萝卜素含量(mg/100g)	鲜薯花青素含量(mg/100g)	采集地
62	甘薯	永康黄心番薯	食用型	直立	111.4	7.1	6.5	16.4	3.2	红	淡红	3.9	2207	20.8	11.7	5.9	10.7	3.2		金华市永康市
63	甘薯	永泰薯	食用型	半直立	114.6	8.7	6.9	21.2	2.6	黄	淡黄	1.9	3009	22.8	13.1	6.5	8.1			温州市苍南县
64	甘薯	圆叶番薯	食用型	半直立	123.2	6.8	5.2	19.8	3.4	紫红	橘黄	2.2	1986	29.9	19.6	5.9	16.3	1.6		温州市瑞安市
65	甘薯	浙薯2号	食用型	匍匐	174.5	6.3	6.4	21.3	3.6	紫红	黄	2.9	1867	28.1	17.9					台州市玉环市
66	甘薯	浙紫薯1号	食用型	匍匐	197.8	5.7	5.8	26.5	5.5	紫	紫	4.3	2046	36.5	25.4	4.6	12.4		24.3	温州市苍南县
67	甘薯	诸暨南瓜番薯	食用型	匍匐	161.3	5.4	5.2	21.6	3.9	棕黄	红	3.3	2689	26.3	16.5	6.2	12.1	5.1		绍兴市诸暨市
68	甘薯	紫皮黄心	食用型	半直立	98.4	7.2	5.1	14.1	2.6	紫红	橘黄	5.6	2167	28.8	18.7	5.2	11.4	2.3		杭州市建德市
69	甘薯	嘉薯白心番薯	饲用型	匍匐	178.2	7.3	5.7	20.9	3.7	红	白至淡黄	4.1	2687	25.3	15.6	5.7	7.9			嘉兴市嘉善县
70	甘薯	64-17	兼用型	匍匐	162.3	6.4	4.9	14.8	3.7	白	白至淡黄	3.1	2087	21.7	12.5	6.9	10.7			台州市黄岩区
71	甘薯	潮薯1号	兼用型	半直立	84.7	8.4	4.6	16.3	2.4	黄	黄	3.9	2765	21.8	12.5	4.5	7.9			温州市苍南县
72	甘薯	东阳红皮黄心	兼用型	匍匐	204.8	5.8	6.4	21.6	5.7	红	橘黄	4.7	1865	34.6	23.7	5.2	12.7	1.4		金华市东阳市

续表

序号	作物名称	品种名称	类型	株型	最长蔓长 (cm)	分枝数 (个)	茎直径 (mm)	叶柄长 (cm)	节间长 (cm)	薯皮色	薯肉色	单株结薯 (个)	亩产 (kg)	干物质含量 (%)	淀粉含量 (%)	生薯鲜基可溶性糖含量 (%)	熟薯可溶性糖含量 (%)	鲜薯胡萝卜素含量 (mg/100g)	鲜薯花青素含量 (mg/100g)	采集地
73	甘薯	鸡爪番薯	兼用型	直立	92.3	8.2	5.2	15.5	3.1	红	红	4.4	2890	20.9	11.8	6.0	5.7	5.6		杭州市淳安县
74	甘薯	宁海红皮黄心	兼用型	半直立	84.9	6.1	4.9	19.2	2.4	红	红	4.7	1805	21.8	12.6	4.8	8.7	3.1		宁波市宁海县
75	甘薯	五四四光	兼用型	匍匐	201.4	5.8	5.5	19.4	4.8	白	白	3.3	2648	26.0	16.2	6.9	8.7			台州市三门县
76	甘薯	浙薯13	兼用型	匍匐	214.5	7.2	6.3	24.2	5.2	红	橘黄	3.7	2207	36.4	25.3	5.7	17.9	2.2		宁波市奉化区
77	甘薯	梓桐黄心	兼用型	匍匐	134.1	7.6	7.2	27.6	3.6	红	橘黄	3.6	2327	35.2	24.3	4.1	16.0	1.7		杭州市淳安县
		最小值			83.6	3.6	4.2	13.7	2.4			1.8	1685	16.5	7.9	3.4	5.7	0.6	24.3	
		最大值			326.8	8.7	7.4	27.6	5.8			5.7	3009	36.5	25.4	7.2	17.9	8.5	24.3	

附表 8　马铃薯资源基本性状表

序号	作物名称	品种名称	类型	熟期	薯型大小	株型	株高 (cm)	茎粗 (mm)	主茎数 (个)	单株结薯数 (个)	薯形	皮色	肉色	鲜薯产量 (kg/亩)	干物质含量 (%)	淀粉含量 (%)	采集地
1	马铃薯	白花扁芋	鲜食	中熟	小薯型	半直立	84.8	8.3	5.8	13.4	圆至椭圆形	黄	黄	1869	20.2	14.7	温州市泰顺县
2	马铃薯	白肉洋芋	鲜食	中早熟	中薯型	直立	48.7	8.1	5.4	10.5	椭圆至长方形	浅黄	白	1805	18.6	12.9	杭州市淳安县

续表

序号	作物名称	品种名称	类型	熟期	薯型大小	株型	株高(cm)	茎粗(mm)	主茎数(个)	单株结薯数(个)	薯形	皮色	肉色	鲜薯产量(kg/亩)	干物质含量(%)	淀粉含量(%)	采集地
3	马铃薯	扁籽马铃薯	鲜食	中早熟	大薯型	半直立	52.4	8.8	2.9	6.7	扁椭圆至纺锤形	浅黄	白	1258	18.4	12.7	金华市磐安县
4	马铃薯	常山马铃薯	鲜食	中熟	小薯型	半直立	69.7	7.2	4.1	13.3	圆至椭圆形	黄	黄	1383	23.7	18.0	衢州市常山县
5	马铃薯	淳安黄皮	鲜食	中熟	小薯型	半直立	77.4	6.8	5.3	12.6	圆至椭圆形	黄	黄	1477	22.2	16.4	杭州市淳安县
6	马铃薯	慈溪洋芋艿	鲜食	中熟	小薯型	半直立	76.2	7.6	5.3	11.4	圆至椭圆形	黄	黄	1178	23.7	18.0	宁波市慈溪市
7	马铃薯	大均马铃薯	鲜食	中熟	小薯型	直立	67.8	10.0	3.0	13.2	圆至卵圆形	黄	黄	903	19.8	14.0	丽水市景宁畲族自治县
8	马铃薯	大莱洋芋	鲜食	中熟	小薯型	半直立	69.4	7.2	4.2	13.8	圆至卵圆形	黄	黄	1110	22.6	16.8	金华市武义县
9	马铃薯	大麦黄	鲜食	中早熟	小薯型	直立	37.6	9.2	3.2	12.1	圆至卵圆形	黄	浅黄	905	24.7	18.9	绍兴市诸暨市
10	马铃薯	大门马铃薯	鲜食	中熟	小薯型	半直立	75.3	7.2	5.1	13.2	圆至椭圆形	黄	深黄	1026	23.3	17.6	温州市洞头区
11	马铃薯	德清马铃薯	鲜食	中早熟	小薯型	直立	43.2	7.5	4.3	12.8	圆至椭圆形	黄	黄	862	22.6	16.9	湖州市德清县
12	马铃薯	登杆土豆	鲜食	中熟	小薯型	半直立	79.1	7.8	4.7	12.3	圆至椭圆形	黄	黄	1621	23.9	18.1	宁波市奉化区
13	马铃薯	定海大黄种	鲜食	中熟	中薯型	直立	72.5	7.5	3.2	9.6	圆至椭圆形	黄	深黄	943	23.6	17.9	舟山市定海区

续表

序号	作物名称	品种名称	类型	熟期	薯型大小	株型	株高(cm)	茎粗(mm)	主茎数(个)	单株结薯数(个)	薯形	皮色	肉色	鲜薯产量(kg/亩)	干物质含量(%)	淀粉含量(%)	采集地
14	马铃薯	东仓种	鲜食	中熟	小薯型	半直立	76.8	7.3	3.9	13.4	圆至椭圆形	黄	黄	1352	23.6	17.8	宁波市宁海县
15	马铃薯	东阳马铃薯	鲜食	中早熟	小薯型	半直立	78.4	7.1	4.3	13.5	圆至椭圆形	黄	黄	1354	22.7	17.0	金华市东阳市
16	马铃薯	贵坑土豆	鲜食	中熟	小薯型	半直立	64.5	8.2	2.9	13.6	圆至椭圆形	黄	深黄	1348	21.1	15.4	温州市乐清市
17	马铃薯	河北洋芋	鲜食	早熟	中薯型	半直立	84.6	9.1	4.8	11.6	圆至椭圆形	黄	黄	2216	18.1	12.4	丽水市缙云县
18	马铃薯	河山马铃薯	鲜食	中熟	小薯型	半直立	65.4	6.8	5.9	13.4	圆至椭圆形	黄	黄	854	23.1	17.3	嘉兴市桐乡市
19	马铃薯	花旗芋艿	鲜食	中熟	中薯型	半直立	56.1	6.7	3.8	8.4	卵圆至椭圆形	黄褐	浅黄	656	23.6	17.8	宁波市余姚市
20	马铃薯	黄皮黄心	鲜食	中熟	小薯型	半直立	75.3	7.2	4.8	13.2	圆至椭圆形	黄	黄	1316	22.4	16.6	杭州市桐庐县
21	马铃薯	黄肉洋芋	鲜食	中早熟	中薯型	半直立	76.5	8.4	5.7	14.2	圆至椭圆形	黄	黄	1843	20.6	14.8	杭州市淳安县
22	马铃薯	黄田马铃薯	鲜食	中熟	小薯型	半直立	78.3	7.7	4.4	12.3	圆至椭圆形	黄	黄	1801	24.3	18.6	丽水市庆元县
23	马铃薯	黄岩大黄种	鲜食	中熟	中薯型	半直立	74.6	7.7	2.6	8.4	圆至椭圆形	黄	黄	1076	23.8	18.1	台州市黄岩区
24	马铃薯	黄洋芋	鲜食	中熟	中薯型	半直立	73.6	8.1	6.3	10.4	圆至椭圆形	黄	黄	1169	24.9	19.2	台州市仙居县
25	马铃薯	嘉善马铃薯	鲜食	中熟	小薯型	半直立	69.4	6.8	5.2	12.7	圆至椭圆形	黄	黄	729	23.4	17.6	嘉兴市嘉善县

续表

序号	作物名称	品种名称	类型	熟期	薯型大小	株型	株高(cm)	茎粗(mm)	主茎数(个)	单株结薯数(个)	薯形	皮色	肉色	鲜薯产量(kg/亩)	干物质含量(%)	淀粉含量(%)	采集地
26	马铃薯	建德土豆	鲜食	中熟	小薯型	半直立	76.2	7.8	5.1	13.2	圆至椭圆形	黄	黄	1313	23.3	17.6	杭州市建德市
27	马铃薯	缙云猪腰洋芋	鲜食	中早熟	中薯型	半直立	78.9	7.8	4.6	12.8	椭圆至长方形	浅黄	浅黄	1886	18.2	12.5	丽水市缙云县
28	马铃薯	景宁土豆	鲜食	中早熟	小薯型	半直立	72.8	7.1	4.8	10.9	圆至椭圆形	黄	黄	1476	22.9	17.1	丽水市景宁畲族自治县
29	马铃薯	鸠甫洋芋	鲜食	中熟	小薯型	半直立	62.8	6.7	3.3	11.6	圆至椭圆形	黄	黄	684	23.5	17.8	杭州市临安区
30	马铃薯	开化马铃薯	鲜食	中熟	小薯型	直立	78.5	8.1	3.3	13.2	圆至椭圆形	黄	黄	1113	24.4	18.6	衢州市开化县
31	马铃薯	柯城马铃薯	鲜食	中熟	小薯型	半直立	61.5	7.2	3.2	10.4	圆至椭圆形	黄	黄	1024	20.8	15.1	衢州市柯城区
32	马铃薯	立夏黄	鲜食	中熟	小薯型	半直立	71.2	7.2	4.6	11.3	圆至椭圆形	黄	黄	1024	23.3	17.6	杭州市富阳区
33	马铃薯	莲都洋芋	鲜食	中早熟	小薯型	半直立	83.4	8.2	5.4	13.7	圆至椭圆形	黄	深黄	1703	21.4	15.7	丽水市莲都区
34	马铃薯	梁山种	鲜食	中熟	中薯型	半直立	56.1	7.1	5.0	9.4	圆至椭圆形	黄	黄	1112	25.1	19.3	台州市仙居县
35	马铃薯	柳城洋芋	鲜食	中熟	小薯型	半直立	74.8	7.4	3.6	11.9	圆至椭圆形	黄	黄	1365	23.8	18.1	金华市武义县
36	马铃薯	龙游马铃薯	鲜食	中熟	小薯型	半直立	72.1	7.3	4.8	13.7	圆至椭圆形	黄	黄	1234	23.4	17.7	衢州市龙游县
37	马铃薯	麻铺种	鲜食	中熟	小薯型	半直立	78.3	7.7	4.8	12.8	圆至椭圆形	黄	黄	1292	24.5	18.8	金华市武义县

续表

序号	作物名称	品种名称	类型	熟期	薯型大小	株型	株高(cm)	茎粗(mm)	主茎数(个)	单株结薯数(个)	薯形	皮色	肉色	鲜薯产量(kg/亩)	干物质含量(%)	淀粉含量(%)	采集地
38	马铃薯	蘑菇洋芋	鲜食	中熟	小薯型	半直立	51.2	8.2	2.1	9.6	圆至椭圆形	黄	黄	849	23.2	17.4	台州市仙居县
39	马铃薯	南阳马铃薯	鲜食	中熟	小薯型	半直立	71.5	6.7	6.8	13.6	圆至椭圆形	黄	黄	976	23.4	17.6	湖州市长兴县
40	马铃薯	南庄马铃薯	鲜食	中熟	小薯型	半直立	64.5	6.4	4.6	11.6	圆至卵圆形	黄	黄	563	22.7	16.9	嘉兴市桐乡市
41	马铃薯	宁海洋芋	鲜食	中熟	小薯型	半直立	62.3	6.1	4.7	9.2	圆至椭圆形	黄	黄	657	20.8	15.0	宁波市宁海县
42	马铃薯	瓯海土豆	鲜食	中早熟	大薯型	半直立	53.7	7.6	1.8	8.1	椭圆至长方形	黄	黄	1178	18.6	12.9	温州市瓯海区
43	马铃薯	磐安小黄皮	鲜食	中熟	小薯型	半直立	74.4	7.2	4.1	13.6	圆至椭圆形	黄	深黄	1470	22.8	17.1	金华市磐安县
44	马铃薯	平湖马铃薯	鲜食	中熟	小薯型	半直立	78.4	7.8	3.9	12.8	圆至椭圆形	黄	黄	1477	20.7	15.0	嘉兴市平湖市
45	马铃薯	平阳土豆	鲜食	中晚熟	中薯型	半直立	77.3	7.9	3.4	8.2	圆至椭圆形	黄	黄	1042	20.8	15.1	温州市平阳县
46	马铃薯	浦江洋芋	鲜食	中早熟	小薯型	半直立	78.3	7.4	5.2	12.7	圆至椭圆形	黄	黄	1682	22.7	17.0	金华市浦江县
47	马铃薯	箭村洋芋	鲜食	早熟	中薯型	直立	74.3	8.6	2.3	8.2	扁椭圆至纺锤形	黄	黄	1846	19.8	14.1	丽水市缙云县
48	马铃薯	青田腰子洋芋	鲜食	中早熟	中薯型	半直立	53.6	8.2	4.2	9.4	圆至椭圆形	浅黄	白	1258	18.9	13.2	丽水市青田县
49	马铃薯	庆元马铃薯	鲜食	中熟	小薯型	半直立	75.7	8.1	3.4	11.3	圆至椭圆形	黄	黄	1423	22.7	16.9	丽水市庆元县

续表

序号	作物名称	品种名称	类型	熟期	薯型大小	株型	株高(cm)	茎粗(mm)	主茎数(个)	单株结薯数(个)	薯形	皮色	肉色	鲜薯产量(kg/亩)	干物质含量(%)	淀粉含量(%)	采集地
50	马铃薯	衢江土豆	鲜食	中熟	小薯型	半直立	75.3	7.2	4.8	13.2	圆至椭圆形	黄	黄	1316	22.4	16.6	衢州市衢江区
51	马铃薯	瑞安马铃薯	鲜食	中熟	小薯型	半直立	71.6	7.2	5.1	14.6	圆至卵圆形	黄	深黄	1291	25.8	20.0	温州市瑞安市
52	马铃薯	三门小黄皮	鲜食	中熟	小薯型	半直立	77.6	7.8	3.9	12.8	圆至椭圆形	黄	黄	1601	22.2	16.5	台州市三门县
53	马铃薯	上虞洋芋艿	鲜食	中熟	小薯型	半直立	49.3	8.1	4.1	13.2	圆至卵圆形	黄	黄	783	23.7	18.0	绍兴市上虞区
54	马铃薯	石佛土种	鲜食	中熟	小薯型	直立	73.4	7.3	3.4	13.3	圆至椭圆形	黄	黄	1078	23.1	17.3	衢州市龙游县
55	马铃薯	水盂马铃薯	鲜食	中熟	小薯型	半直立	73.2	7.1	4.1	12.6	圆至椭圆形	黄	黄	1023	23.2	17.5	台州市临海市
56	马铃薯	泰顺马铃薯	鲜食	中熟	小薯型	半直立	82.1	7.6	4.6	13.6	圆至椭圆形	黄	黄	1425	22.7	16.0	温州市泰顺县
57	马铃薯	泰顺芋	鲜食	中熟	小薯型	半直立	68.6	6.9	4.9	11.9	圆至卵圆形	黄	黄	1396	22.9	17.4	温州市苍南县
58	马铃薯	讨饭洋芋	鲜食	中熟	小薯型	半直立	75.3	7.6	4.6	13.2	圆至椭圆形	黄	黄	1127	22.2	16.5	金华市永康市
59	马铃薯	温岭小洋芋	鲜食	中熟	小薯型	半直立	67.6	5.1	5.9	15.8	圆形	黄	深黄	727	23.3	17.6	台州市温岭市
60	马铃薯	西川马铃薯	鲜食	中熟	小薯型	半直立	52.2	6.2	4.2	8.6	圆至卵圆形	黄	黄	1058	23.7	17.9	湖州市长兴县
61	马铃薯	仙居小黄皮	鲜食	中熟	小薯型	半直立	73.6	7.4	4.6	13.9	圆至椭圆形	黄	黄	1078	23.4	17.6	台州市仙居县

续表

序号	作物名称	品种名称	类型	熟期	薯型大小	株型	株高(cm)	茎粗(mm)	主茎数(个)	单株结薯数(个)	薯形	皮色	肉色	鲜薯产量(kg/亩)	干物质含量(%)	淀粉含量(%)	采集地
62	马铃薯	仙居猪腰洋芋	鲜食	中早熟	中薯型	半直立	65.2	6.2	5.3	10.9	椭圆至长方形	黄	黄	1594	21.2	15.4	台州市仙居县
63	马铃薯	象山洋番薯	鲜食	中熟	小薯型	半直立	76.4	7.4	5.8	14.1	圆至椭圆形	黄	黄	1192	25.8	20.0	宁波市象山县
64	马铃薯	萧山小马铃薯	鲜食	中熟	小薯型	半直立	56.7	6.3	5.1	13.2	圆至椭圆形	黄	黄	898	23.6	17.9	杭州市萧山区
65	马铃薯	沿溪马铃薯	鲜食	中熟	小薯型	半直立	56.7	6.6	4.6	9.6	圆至椭圆形	黄	黄	934	23.6	17.9	金华市武义县
66	马铃薯	永嘉马铃薯	鲜食	中熟	小薯型	半直立	74.3	7.4	4.2	11.2	圆至椭圆形	黄	黄	962	23.2	17.5	温州市永嘉县
67	马铃薯	圆洋芋	鲜食	中早熟	小薯型	半直立	83.5	8.3	5.5	14.7	圆至椭圆形	黄	黄	1785	23.0	17.2	杭州市淳安县
68	马铃薯	圆籽马铃薯	鲜食	中熟	中薯型	直立	51.6	8.6	1.9	7.9	圆至卵圆形	黄	浅黄	936	21.8	16.1	金华市磐安县
69	马铃薯	贼勿偷	鲜食	中熟	中薯型	半直立	47.6	7.2	3.1	10.2	圆至卵圆形	黄	深黄	983	21.2	14.5	宁波市奉化区
70	马铃薯	长兴洋芋艿	鲜食	中熟	小薯型	半直立	46.2	6.4	5.2	11.7	圆至椭圆形	黄	黄	650	21.7	15.9	湖州市长兴县
71	马铃薯	诸暨洋番薯	鲜食	中熟	小薯型	半直立	65.0	7.2	3.9	10.8	圆至椭圆形	黄	黄	743	23.9	18.3	绍兴市诸暨市
72	马铃薯	淳安红皮	彩色	中熟	中薯型	直立	53.8	7.1	4.3	7.2	圆至椭圆形	浅红	白	1223	19.8	14.0	杭州市淳安县
73	马铃薯	红洋番薯	彩色	中熟	中薯型	直立	54.7	7.5	6.1	10.9	椭圆至纺锤形	浅红	黄	1223	19.8	14.0	宁波市奉化区

续表

序号	作物名称	品种名称	类型	熟期	薯型大小	株型	株高(cm)	茎粗(mm)	主茎数(个)	单株结薯数(个)	薯形	皮色	肉色	鲜薯产量(kg/亩)	干物质含量(%)	淀粉含量(%)	采集地
74	马铃薯	宁海洋番薯	彩色	中晚熟	中薯型	直立	62.1	5.4	4.2	7.8	椭圆至纺锤形	浅红	白	705	18.5	12.7	宁波市宁海县
75	马铃薯	磐安红皮	彩色	中晚熟	中薯型	直立	95.7	11.0	2.2	9.6	圆至椭圆形	红	深黄	1208	18.9	13.2	金华市磐安县
76	马铃薯	浦江红皮	彩色	中晚熟	中薯型	直立	71.5	12.0	1.4	7.3	卵圆至椭圆形	红	深黄	1083	18.3	12.6	金华市浦江县
77	马铃薯	青田红皮	彩色	中熟	中薯型	直立	59.3	7.2	4.3	7.6	卵圆至纺锤形	黄红	浅黄	1298	19.4	13.7	丽水市青田县
78	马铃薯	三门红皮	彩色	中熟	中薯型	直立	54.3	5.4	4.1	7.8	圆至椭圆形	红	深黄	1167	19.3	13.6	台州市三门县
79	马铃薯	武义红皮	彩色	中熟	中薯型	直立	43.7	6.9	5.7	7.8	圆至椭圆形	浅红	黄	1223	23.7	17.9	金华市武义县
80	马铃薯	仙居红皮	彩色	中熟	中薯型	直立	53.2	8.2	4.5	8.6	椭圆至长方形	红	黄	729	23.1	17.3	台州市仙居县
81	马铃薯	象山红皮	彩色	中熟	中薯型	直立	74.6	8.6	2.7	7.3	椭圆至扁圆形	红	黄	1298	19.2	13.5	宁波市象山县
82	马铃薯	沿溪红皮	彩色	中熟	中薯型	直立	76.1	7.3	2.3	7.4	圆至椭圆形	红	深黄	1283	20.8	15.1	金华市武义县
83	马铃薯	紫皮土豆	彩色	晚熟	中薯型	直立	89.7	9.2	3.2	12.4	卵圆至纺锤形	紫	黄	891	23.6	17.9	金华市磐安县
	最小值						37.6	5.1	1.4	6.7				563	18.1	12.4	
	最大值						95.7	12.0	6.8	15.8				2216	25.8	20.0	

附表9　薏苡资源基本性状表

序号	作物名称	品种名称	熟期	株高(cm)	茎粗(mm)	单株有效茎数(个)	籽粒着生高度(cm)	果仁颜色	果仁长(mm)	果仁宽(mm)	百粒重(g)	单株产量(g)	采集地
1	薏苡	安吉薏苡	早熟	107	11.8	23.7	12.0	棕	19.5	10.7	19.4	142.4	湖州市安吉县
2	薏苡	苍南薏苡	晚熟	148	12.3	24.0	39.7	浅黄	9.1	6.2	11.3	99.2	温州市苍南县
3	薏苡	黄岩糯薏苡	晚熟	209	11.9	13.3	139.0	棕	9.0	6.3	9.7	78.7	台州市黄岩区
4	薏苡	黄岩薏米	晚熟	107	12.9	22.7	10.3	浅黄	10.7	7.4	22.2	152.2	台州市黄岩区
5	薏苡	缙云米仁	中熟	163	11.3	13.2	67.0	棕	9.0	5.9	9.4		丽水市缙云县
6	薏苡	廿八都薏米	晚熟	132	10.4	9.9	42.2	棕	9.4	5.6	9.2		衢州市江山市
7	薏苡	磐安薏米	早熟	88	13.7	13.3	12.0	棕	9.2	5.5	6.6	68.2	金华市磐安县
8	薏苡	浦江野薏仁	早熟	75	10.3	24.0	31.2	棕	8.9	6.2	19.1		金华市浦江县
9	薏苡	上沙米仁	晚熟	147	11.0	11.8	60.8	浅黄	7.6	5.1	9.1		台州市临海市
10	薏苡	松阳薏米	晚熟	231	13.2	25.3	153.0	黄白	9.1	6.3	10.0	77.3	丽水市松阳县
11	薏苡	文成黑籽薏苡	中熟	126	13.3	15.3	21.3	棕	10.2	6.7	18.7	122.7	温州市文成县
12	薏苡	文成薏苡	晚熟	166	12.0	10.4	88.6	棕	7.2	4.8	10.8		温州市文成县
13	薏苡	腰仁米	晚熟	184	15.1	30.0	57.0	黄白	8.9	6.2	9.1	24.1	温州市瑞安市
14	薏苡	永嘉米仁	晚熟	198	15.4	14.7	66.7	棕	9.4	6.3	14.1	55.8	温州市永嘉县
最小值				75	10.3	9.9	10.3		7.2	4.8	6.6	24.1	
最大值				231	15.4	30.0	153.0		19.5	10.7	22.2	152.2	

附表10　棉花资源基本性状表

序号	作物名称	品种名称	全生育期(天)	花色	单株果枝数(节)	果枝节数(个)	纤维色	纤维长度(mm)	纤维比强度(cN/tex)	亩产纤维(kg)	采集地
1	棉花	矮秆棉	128.5	白	6~9	3.3	白	28.9	28.6	101.4	宁波市慈溪市
2	棉花	慈溪白棉花	134.5	白	7~9	3.1	白	29.9	27.6	109.4	宁波市慈溪市

续表

序号	作物名称	品种名称	花色	全生育期（天）	单株果枝数（节）	果枝铃数（个）	纤维色	纤维长度（mm）	纤维比强度（cN/tex）	亩产纤维（kg）	采集地
3	棉花	慈溪棉花	白	131.5	7～9	3.2	白	28.2	27.8	113.0	宁波市慈溪市
4	棉花	慈溪紫棉花	白	132.5	7～9	3.2	棕	28.9	26.3	98.4	宁波市慈溪市
5	棉花	余姚紫棉花	白	133.5	7～9	3.1	棕	29.1	28.6	93.4	宁波市余姚市
最小值				128.5		3.1		28.2	26.3	93.4	
最大值				134.5		3.3		29.9	28.6	113.0	

附表 11　豆薯资源基本性状表

序号	作物名称	品种名称	株高（m）	全生育期（天）	单株薯块产量（kg）	薯块高度（cm）	单株薯块数（个）	荚果长（cm）	荚果宽（mm）	每荚种子数（粒）	籽粒长（mm）	籽粒宽（mm）	百粒重（g）	采集地
1	豆薯	开化豆薯	4.55	200	1.68	11.5	1～2	10	12～15	8～10	7.3	5.9	9.7	衢州市开化县

附表 12　穇子资源基本性状表

序号	作物名称	品种名称	全生育期（天）	株高（cm）	主茎分枝数（个）	主茎节数（个）	穗下节间长（cm）	主穗长度（cm）	籽粒长（mm）	籽粒宽（mm）	干粒重（g）	采集地
1	穇子	鸡爪粟	100～110	90	5.0	8.0	15.4	8.6	1.7	1.4	2.0	金华市武义县
2	穇子	鸭掌粟	100～110	88	5.0	5.7	16.4	7.7	1.7	1.4	2.1	丽水市遂昌县

附表 13　燕麦资源基本性状表

序号	作物名称	品种名称	株高（cm）	全生育期（天）	叶色	叶长（cm）	籽粒颜色	千粒重（g）	采集地
1	燕麦	嘉善燕麦	110.7	200	浅绿	25~35	黑	21.5	嘉兴市嘉善县
2	燕麦	缙云燕麦	108.7	205	浅绿	25~40	黑	21.0	丽水市缙云县

附表 14　藜资源基本性状表

序号	作物名称	品种名称	全生育期（天）	单株分枝数（个）	种皮色	籽仁色	千粒重（g）	荚果产量（kg/亩）	采集地
1	藜	庆元藜麦	113.5	5~8	黄	白	3.51	102.5	丽水市庆元县

索　引